Khaoula Khlie
Alae Chbihi

**Réingénierie du processus de traitement des Services Bulletins**

Khaoula Khlie
Alae Chbihi

# Réingénierie du processus de traitement des Services Bulletins

Éditions universitaires européennes

**Impressum / Mentions légales**
Bibliografische Information der Deutschen Nationalbibliothek: Die Deutsche Nationalbibliothek verzeichnet diese Publikation in der Deutschen Nationalbibliografie; detaillierte bibliografische Daten sind im Internet über http://dnb.d-nb.de abrufbar.
Alle in diesem Buch genannten Marken und Produktnamen unterliegen warenzeichen-, marken- oder patentrechtlichem Schutz bzw. sind Warenzeichen oder eingetragene Warenzeichen der jeweiligen Inhaber. Die Wiedergabe von Marken, Produktnamen, Gebrauchsnamen, Handelsnamen, Warenbezeichnungen u.s.w. in diesem Werk berechtigt auch ohne besondere Kennzeichnung nicht zu der Annahme, dass solche Namen im Sinne der Warenzeichen- und Markenschutzgesetzgebung als frei zu betrachten wären und daher von jedermann benutzt werden dürften.

Information bibliographique publiée par la Deutsche Nationalbibliothek: La Deutsche Nationalbibliothek inscrit cette publication à la Deutsche Nationalbibliografie; des données bibliographiques détaillées sont disponibles sur internet à l'adresse http://dnb.d-nb.de.
Toutes marques et noms de produits mentionnés dans ce livre demeurent sous la protection des marques, des marques déposées et des brevets, et sont des marques ou des marques déposées de leurs détenteurs respectifs. L'utilisation des marques, noms de produits, noms communs, noms commerciaux, descriptions de produits, etc, même sans qu'ils soient mentionnés de façon particulière dans ce livre ne signifie en aucune façon que ces noms peuvent être utilisés sans restriction à l'égard de la législation pour la protection des marques et des marques déposées et pourraient donc être utilisés par quiconque.

Coverbild / Photo de couverture: www.ingimage.com

Verlag / Editeur:
Éditions universitaires européennes
ist ein Imprint der / est une marque déposée de
OmniScriptum GmbH & Co. KG
Heinrich-Böcking-Str. 6-8, 66121 Saarbrücken, Deutschland / Allemagne
Email: info@editions-ue.com

Herstellung: siehe letzte Seite /
Impression: voir la dernière page
**ISBN: 978-3-8417-4479-1**

Zugl. / Agréé par: Rabat, Ecole Mohammadia d'Ingénieurs, 2014

Copyright / Droit d'auteur © 2015 OmniScriptum GmbH & Co. KG
Alle Rechte vorbehalten. / Tous droits réservés. Saarbrücken 2015

# Dédicaces

**A mon adorable mère ;**
Je suis ce que je suis grâce à toi, Sans ton amour intarissable, sans tes conseils infinis, sans ta prière et ta bénédiction je n'aurai jamais mené à bien ma vie. Aucune dédicace ne serait suffisante pour t'exprimer mon amour pour toi et ma gratitude envers les sacrifices que tu n'as cessé de me donner depuis ma naissance. Puisse le bon Dieu tout puissant te procurer santé et bonheur.

**A mon formidable père ;**
Je te suis redevable pour tout ce que j'ai pu réaliser de bien dans ma vie. Sans ton soutien inconditionnel et ton bienveillance à mon égard je n'aurais jamais acquis les valeurs intrinsèques de la vie. Aucune dédicace ne saurait exprimer l'amour, l'estime, le dévouement et le respect que j'ai toujours eu pour vous.

**A mon cher époux ;**
Que ce travail soit témoignage de ma reconnaissance et de mon amour sincère et fidèle. Merci pour m'avoir comblé d'amour et de respect, pour m'avoir encouragé et assisté. Merci pour ta gentillesse sans égal... merci d'être présent dans ma vie. Sans ton aide, tes conseils et tes encouragements ce travail n'aurait vu le jour.

**A mon petit frère Adam ;**
Le destin a voulu qu'on trace nos chemins de manière semblable pour une bonne raison. Merci de me soutenir dans mes rêves les plus fous. Je n'ose même pas imaginer ma vie sans toi mon petit cœur.

**A ma nouvelle famille,**
Tante Mirvat et Oncle Amal, merci de m'avoir accueilli à bras ouverts dans votre famille et surtout merci d'avoir fait naissance à la personne la plus gentille du monde, mon âme sœur, Mohammed.
Zaynab, Asmae et Bouchra, je souhaitais depuis mon enfance d'avoir une sœur, et d'un seul coup je me suis trouvé entourée de TROIS, que Dieu vous garde pour moi.

**A mes très chers amis..**

**Houda**, pour les moments inoubliables que nous avons passé ensemble, je remercie Dieu d'avoir croisé nos chemins. **Maryame**, ma meilleure mon fidèle compagnant dans les moments les plus durs de ma vie. **Chaimae**, la personne la plus folle que j'ai rencontré toute ma vie. Tu es une personne unique. **Mohamed Amine**, parce que tu fais partie des rares personnes à qui je fais confiance. **Noureddine**, tu es celui qui me fait sourire, par ta joie et ta bonne humeur. Pour tous mes amis Afaf, Zouheir, Amina,... et la liste est très longue.

Comment vous remercier pour ces moments de pur plaisir, d'éclats de rire, de solidarité, d'entraide et surtout d'amour. Vous êtes dans mon cœur à jamais..

Khaoula

### A mon cher oncle Mohamed

Je Dédie cet œuvre à l'âme de mon oncle Mohamed EL HADEF qui vient de nous quitter, lui qui trouvait du plaisir à suivre quotidiennement ma progression dans ce travail, et qui aurait eu encore plus de plaisir d'en voir le fruit. Lui, qui voyait en moi LE FILS, et moi, qui voyais en lui LE PERE. Lui, qui me soutenait dans mes moments de faiblesse. Lui, qui partageait avec moi mes moments de réussite. Que son âme repose en paix.

### A ma petite famille

A Savoir ma grand-mère Fatima, mes tantes Amina, Nezha et khadija, mes oncles Aziz, Abdelali, Mustapha et ma mère Saida. Merci pour votre support sans faille, votre patience et votre respect, je ne puis vous exprimer toute ma gratitude pour avoir sacrifier des choses à ma cause et pour avoir pris soin de moi toutes ces années de ma vie.

### Parce qu'il y a des gens qui s'installent dans notre vie pour compléter l'équilibre de la famille

Je remercie mon oncle par alliance Mohamed ECHBIHI qui n'épargne aucun effort pour m'aider et me conseiller. Aucun mot ne saurait exprimer ma gratitude envers toi..

### A mon binôme Khaoula

Pour ces trois mois de travail en groupe dans lesquels tu t'es montrée très responsable et compréhensive. Merci pour ces différences qui nous ont permis de réaliser du bon travail..

### A l'ensemble de mes Amis

Qui m'ont comblé d'amour et d'affection, avec qui j'ai partagé les bons moments de ma vie. Je remercie votre support et votre attention.

Alae

# Résumé

A l'instar de toute compagnie industrielle exposée à une concurrence accrue, la Royal Air Maroc se trouve dans l'obligation de maîtriser ses coûts. Notre projet s'inscrit dans cette perspective ayant comme objectif la maîtrise de la configuration des moteurs d'avions qui présentent une partie cruciale de l'avion, vu les coûts importants engendrés en terme de maintenance.

Pour ce, nous avons commencé par la détermination de l'état actuel de configuration des moteurs. Dans le but de constituer l'état souhaité de cette configuration nommé Minimum Standard, nous avons décortiqué les différentes défaillances du moteur, avant de passer à la recherche des solutions convenables en termes des Service Bulletins (SB) qui représentent des éléments importants dans la maintenance préventive des moteurs.

Nous avons établi par la suite une étude économique qui a pour rôle le filtrage de ce minimum standard. Enfin, une application informatique a été développée afin de bien maîtriser l'évolution de ces deux configurations (actuelle et souhaitée). A l'issue des résultats de notre projet, le processus de traitement des Service Bulletins est devenu plus complet.

# Abstract

Like any industrial company exposed to increased competition, Royal Air Maroc has to control its costs. Our graduation project fits into this perspective with the aim of controlling the aircrafts engine configuration, which represents a major part into the aircraft, because of its high maintenance expenses.

For this , we began by determining the current status of engine configuration . In order to establish the desired one, called "Minimum Standard", we have analyzed all of the engine failures before looking for suitable solutions in terms of Service Bulletins (SB), which are important elements in engines preventive maintenance.

We have subsequently established an economic study that aim to select necessary SB from the minimum standard. Finally, a computer application was developed in order to control the evolution of both current and desired configurations. As a result of our project, the process of the Service Bulletins has then become more complete.

## Liste des abréviations:

ACB: Analyse Cout-Bénéfices
AD : Airworthiness Directive
AGB: Accessory GearBox
AMM: Aircaft Maintenance Manual
APU: Auxiliary Power Unit
ATB : Air Turn back
BDI : Bulletin de Décision Ingénierie
CC: Combustion Chamber
EDS : Engine Data Submittal
EEC: Engine Electronic Control
EGT : Exhaust Gas Temperature
EO: Engineering Order
FOD : Foreign Object Damage
GTB Ground Turn Back
HMU: Hydromecanical Unit
HPC: High Pressure Compressor
HPT: High Pressure Turbine
HPTACC: High Pressure Turbine Active Clearance Control
IPC : Illustrated Parts Catalog
LPT: Low Pressure Turbine
MM: Main Module
PCW: Previously Complied With
PN: Part Number
RAM: Royal Air Maroc
SB: Service bulletin
SL: Service Letter
SM: Submodule
SN : Serial Number
SNECMA: Société Nationale d'Etude et de Construction de Moteurs d'Aviation.
TBV: Transient Bleed Valve
VBV : Variable Bypass Valve
VSV : Variable Stator Valve

## Sommaire

Introduction .................................................................................................................. 10
1. Cadrage du projet .................................................................................................. 12
    1.1    Introduction ...................................................................................................... 13
    1.2    Presentation de l'organisme d'accueil ............................................................ 13
        1.2.1    Pôles du groupe Royal Air Maroc ............................................................ 13
        1.2.2    Composition de la flotte RAM ................................................................. 15
        1.2.3    Organigramme de la compagnie : ............................................................ 16
        1.2.4    Description de la direction technique : .................................................... 17
        1.2.5    Fonctions de la GF-EM: ........................................................................... 19
        1.2.6    Types de maintenance chez la RAM ........................................................ 21
    1.3    Note de cadrage ................................................................................................ 23
        1.3.1    Problématique : ......................................................................................... 23
        1.3.2    Définition d'un SB « Service Bulletin » : ................................................. 23
        1.3.3    Objectifs du projet : ................................................................................. 25
        1.3.4    Démarche du projet : ................................................................................ 25
        1.3.5    Diagramme de Gantt : .............................................................................. 26
    1.4    Conclusion : ...................................................................................................... 27
2. Etude de l'existant .................................................................................................. 28
    2.1    Introduction ...................................................................................................... 29
    2.2    Généralités sur les moteurs ............................................................................. 29
        2.2.1    Les moteurs d'avion : ............................................................................... 29
        2.2.2    Le turboréacteur CFM56-7B ................................................................... 33
        2.2.3    Les différents accessoires du moteur : .................................................... 33
    2.3    Les moteurs à étudier: ..................................................................................... 36
    2.4    Analyse du processus ....................................................................................... 37
        2.4.1.    Modélisation du processus : .................................................................... 37
        2.4.2.    Détermination des défaillances majeurs du processus: ........................... 40
    2.5.    Conclusion : ...................................................................................................... 47
3.    Amélioration du processus de traitement des Service Bulletins ....................... 48
    3.1    Introduction ...................................................................................................... 49
    3.2    Elaboration du « minimum standard » .......................................................... 49
        3.2.1    Etude des retards avion : .......................................................................... 50
        3.2.2    Cartographie des accessoires critiques : .................................................. 54
        3.2.3    Minimum standard d'accessoires externes : ........................................... 55
        3.2.4    Etude des déposes moteurs : .................................................................... 61

3.2.5   Minimum standard des modules du moteur : .................................................. 66
3.3   Mise à jour de la base de données des SB par moteur .............................................. 73
   3.3.1   Mise à jour de l'état des Service bulletins : ................................................ 73
   3.3.2   Etude des révisions : ........................................................................ 74
3.4   Statut des moteurs par rapport au minimum standard .............................................. 77
3.5   Conclusion ..................................................................................... 78
4.   Contrôle des améliorations via l'application informatique ........................................ 79
   4.1   Introduction : ................................................................................ 80
   4.2   Spécification des besoins ...................................................................... 80
   4.3   Conception et architecture générale ............................................................ 81
      4.3.1   Présentation de la classe service bulletin : ............................................. 81
      4.3.2   Acteurs de l'application : ............................................................... 81
   4.4   Fonctionnalités de l'application .............................................................. 82
      4.4.1.   Onglets de l'application : ............................................................. 83
      4.4.2.   Conditions d'utilisation de l'application: ............................................ 93
   4.5   Conclusion .................................................................................... 93
5. Evaluation du projet ............................................................................ 94
   5.1   Introduction .................................................................................. 95
   5.2   Evaluation économique du projet ............................................................... 95
      5.2.1   Hypothèses de calcul : .................................................................. 95
      5.2.2   Calcul des coûts du projet .............................................................. 97
      5.2.3   Les Revenus du projet : ................................................................. 98
      5.2.4   Rentabilité du projet : ................................................................ 101
      5.2.5   Modélisation du processus final : ..................................................... 101
      5.2.6   Validation du nouveau processus : ..................................................... 103
      5.2.7   Avantages du nouveau processus : ...................................................... 103
   5.3   Conclusion ................................................................................... 104
Conclusion ......................................................................................... 105
Bibliographie ...................................................................................... 107
ANNEXES ............................................................................................ 108

## Liste des figures

FIGURE 1-1 : Les secteurs d'activité de la Royal Air Maroc ........ 13
FIGURE 1-2: Organigramme de la compagnie RAM ........ 16
FIGURE 1.4 : Organisation de la fonction Ingénierie ........ 17
FIGURE 1.5 : organigramme du département ingénierie ........ 19
FIGURE 1.6 : types du servie bulletin ........ 23
FIGURE 1.7: démarche du projet ........ 26
FIGURE 1.8 : diagramme de Gantt du projet ........ 27
FIGURE 2.1 : exemple d'un turboréacteur ........ 30
FIGURE 2.2 Constitution d'un réacteur à double flux ........ 31
FIGURE 2.4 : Le turboréacteur CFM56-7B ........ 33
FIGURE 2.5 : Boucle globale de commande ........ 35
FIGURE 2.7 : Modélisation BPMN du processus de traitement des SB ........ 39
FIGURE 2.8 : comparaison entre les SB incorporés et ceux inclus dans la base de données ........ 43
FIGURE 3.1 : répartition des retards avions par accessoires ........ 52
FIGURE 3.2 : cartographie des retards des avions dus aux pannes moteurs ........ 54
FIGURE 3.3 : Parties critiques du moteur ........ 65
FIGURE 3.4 : statut des moteurs 24 par rapport au minimum standard ........ 78
FIGURE 4.1 : Diagramme d'utilisation de l'application ........ 82
FIGURE 4.3 : menu de l'application informatique ........ 84
FIGURE 4.4 : recherche des informations d'un SB ........ 85
FIGURE 4.5 : informations relatives au SB recherché ........ 86
FIGURE 4.6 : recherche des SB par moteur ........ 87
FIGURE 4.7 : ajout d'un SB à la base de données ........ 88
FIGURE 4.8 : liste des SB figurant dans le minimum standard ........ 89
FIGURE 4.9 : modification des informations d'un SB dans la base de données ........ 89
FIGURE 4.10 : suppression d'un SB de la base de données ........ 90
FIGURE 4.11 : table corbeille ........ 90
FIGURE 4.12 : les différentes opérations existantes dans les onglets ........ 91
FIGURE 4.13 : Liste des SB appliqués par moteur ........ 92
FIGURE 4.14 : Onglet Quitter l'application informatique ........ 92
FIGURE 5.6 : processus résultant après améliorations apportées ........ 102

# Liste des tableaux:

TABLEAU 1.1: caractéristiques d'un service bulletin .................................................. 25
TABLEAU 2.2: l'état de mise à jour des SB appliqués par moteur .............................. 42
TABLEAU 2.3: liste des taux de couverture de révision pour un échantillon de moteurs ....... 46
TABLEAU 3.1: liste des accessoires causant les retards avion .................................... 51
TABLEAU 3.2 : liste des accessoires avec leur criticité ............................................... 52
TABLEAU 3.3 : les niveaux d'échelle de fréquence des retards .................................. 53
TABLEAU 3.4 : niveaux d'échelle de gravité des retards ............................................ 53
TABLEAU 3.5 : Extrait de la liste des SB sélectionnés pour le EEC ............................. 56
TABLEAU 3.6 : Extrait de la liste des SB sélectionnés pour le Starter ........................ 57
TABLEAU 3.7 : Extrait de la liste des SB sélectionnés pour le HMU .......................... 58
TABLEAU 3.8 : Extrait de la liste des SB sélectionnés pour la fuite de carburant ...... 59
TABLEAU 3.9 : Extrait de la liste des SB sélectionnés pour la pompe à carburant .... 60
TABLEAU 3.10 : Extrait de la liste des SB sélectionnés pour le Système d'allumage ... 60
TABLEAU 3.11 : Extrait de la liste des SB sélectionnés pour *HPTACC* ..................... 61
TABLEAU 3.12 : Extrait de la liste des SB sélectionnés pour le DPS ........................... 61
TABLEAU 3.13 : Niveaux d'occurrence des modules/ sous-modules ........................ 62
TABLEAU 3.14 : niveau de gravité des modules/ sous-modules ............................... 62
TABLEAU 3.15 : nombre de déposes moteur par module/sous module .................. 63
TABLEAU 3.16 : criticité des modules/sous-modules du moteur .............................. 64
TABLEAU 3.17 : SB sélectionnés pour le fan frame .................................................... 67
TABLEAU 3.19 :SB sélectionnés pour les HPC bushings ............................................. 68
TABLEAU 3.22 :SB sélectionnés pour les HPT nozzles ................................................ 70
TABLEAU 3.23:SB sélectionnés pour les Stage 1 LPT Nozzle ...................................... 71
TABLEAU 3.24: SB sélectionnés pour la LPT frame ..................................................... 72
TABLEAU 3.25: SB sélectionnés pour l'AGB .................................................................. 72
TABLEAU 3.26 : extrait de la liste des SB appliques dans le moteur 890683 .............. 74
TABLEAU 3.27 : extrait de la liste SB ayant des révisions importantes avec les moteurs concernées ...... 76
TABLEAU 3.28 : statut des moteurs par rapport au minimum standard ...................... 77
TABLEAU 4.1 : classe service bulletin ........................................................................... 81
TABLEAU 5.1 : Répartition des déposes et des SB à implémenter in shop par année ...... 97
TABLEAU 5.2 : Estimation de répartition des dépenses pour l'implémentation du minimum standard... 98
Tableau 5.3 : coûts de déposes des moteurs suite à la non application du minimum standard ........... 99
TABLEAU 5.4 : Perte engendrée par les accessoires critiques sur les deux année 2012-2013 ............. 100
Tableau 5.5 : Estimation des bénéfices du projet sur la période de calcul ..................... 100

# Introduction

Aujourd'hui, le Maroc dispose d'un centre aéronautique industriel qui représente sans doute le leader incontournable de la maintenance aéronautique sur le continent africain. Possédant des agréments européens et américains de conformité aux standards des bonnes pratiques, sa qualification lui octroie une crédibilité à l'échelle mondiale.

Ainsi, le centre n'hésite plus à s'infiltrer dans le marché international de la maintenance en proposant une structure de maintenance rigoureuse dotée de techniciens de haut niveau et de moyens industriels répondant aux exigences technologiques les plus ardues.

Afin de répondre parfaitement aux attentes de ses clients, le centre se trouve dans l'obligation d'adopter une stratégie d'amélioration continue pour augmenter la maîtrise et la rationalisation des coûts liés à la maintenance, particulièrement lorsqu'il s'agit de maintenir les avions de la flotte de la RAM. Depuis quelques temps, Cette vision suscite l'intérêt de notre compagnie aérienne, faisant éclore nombreux projets ayant pour finalité d'accompagner cette démarche.

Notre projet de fin d'études s'inscrit dans cette perspective, son but est l'augmentation de la tenue du moteur sous l'aile en diminuant le temps passé dans les travaux de maintenance et les retards des avions dus aux pannes (des moteurs dans notre cas).

En effet, l'étude que nous avons menée consiste à améliorer le processus de traitement des « services bulletins » relatifs aux moteurs d'avions Boeing 737 de nouvelle génération, en vue d'augmenter le niveau de maîtrise des coûts liés à la maintenance de ces moteurs.

Pour ce faire, nous allons commencer par définir le contexte du projet, puis analyserons via une modélisation du processus de traitement des services bulletins, les défaillances de ce dernier menant au manque de maîtrise de la configuration des moteurs.

Ensuite, nous proposerons des solutions à chacune de ces défaillances en utilisant la méthode « réingénierie du processus ». Par la suite, nous allons concevoir une application informatique dans le but d'assurer le suivi de et le contrôle de ces améliorations.

Enfin, il sera temps de passer à l'évaluation technico-économique du projet pour répondre aux fameuses questions: « Combien ça coûte ? » et « Combien ça rapporte ? ».

# Chapitre 1

**1. Cadrage du projet**

Ce chapitre comporte une présentation générale de la Royal Air Maroc (RAM) et de la direction technique, lieu de notre projet de fin d'études, Ainsi que la note de cadrage du projet.

# 1- Cadrage du projet

## 1.1 Introduction

Ce chapitre propose une présentation générale de l'entreprise d'accueil, à savoir, la structure de la Royal Air Maroc, la composition de sa flotte, la description de la direction technique avant de passer à l'entité responsable de gestion des moteurs et APU, lieu de notre projet de fin d'études. Nous allons ensuite spécifier les différents types de maintenance de l'avion chez la Royal Air Maroc. Pour finir par la note de cadrage du projet contenant la problématique dont nous nous sommes chargés, les objectifs ainsi que la démarche suivie lors de la réalisation du projet ainsi que la planification de ce dernier.

## 1.2 Présentation de l'organisme d'accueil

La compagnie nationale «Royal Air Maroc», créée en juin 1957, est une société anonyme à conseil d'administration. Son capital social est plus de 2 milliards de DH, détenu à 96,80% par l'Etat. Ses activités s'exercent principalement dans le secteur du transport aérien (transport des passagers, sur lignes régulières, affrètement de charters, transport de fret, des messageries et de la poste), dans l'entretien des avions et dans l'assistance en escales des avions des compagnies desservant les aéroports marocains.

### 1.2.1 Pôles du groupe Royal Air Maroc

Le groupe Royal Air Maroc est composé de six Pôles groupés dans deux catégories, les métiers de base et les métiers connexes.

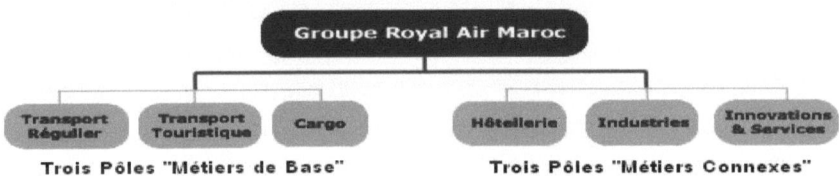

FIGURE 1-1 : Les secteurs d'activité de la Royal Air Maroc

La catégorie « métiers de base » contient les trois pôles suivants:
1. Le transport régulier : est assuré par la compagnie Royal Air Maroc.
2. Le transport touristique régional : est confié à RAM express, la compagnie marocaine filiale de la compagnie Royal Air Maroc. RAM express est créée en 2009. Elle est destinée pour les courts courriers. Elle couvre tout le territoire marocain et assure quelques vols à l'Espagne et Portugal. La flotte dédiée aux vols nationaux compte 5 avions ATR 72-600.
3. Cargo : est assuré par Atlas Cargo, qui achemine ainsi chaque année près de 30.000 tonnes de marchandises en provenance et vers 37 pays d'Afrique, d'Amérique du Nord, d'Europe et du Moyen-Orient.

La catégorie « métiers connexes » concerne :
4. L'hôtellerie : Atlas Hospitality constitue la filiale hôtelière du Groupe Royal Air Maroc spécialisée dans le développement et le management des unités hôtelières du groupe RAM. Elle dispose aujourd'hui d'un parc de 2 700 lits répartis sur trois gammes de produits, positionnée sur le marché international du voyage et sur celui du tourisme interne. Elle comporte 3 gammes d'hôtels Premium 5*, Privilège 4* et Confort 3*.

5. Le pôle industriel, se compose de trois entités :

- Snecma MoroccoEngine Services (SMES) : Créée en 1999, SMES est née d'un partenariat entre le Groupe Royal Air Maroc et Snecma Services. Elle est spécialisée dans la révision des moteurs d'avion. Elle est actuellement le seul centre de révision agréé en Afrique pour la réparation des moteurs de type CFM56-3, équipant les avions Boeing 737-300/400/500.

- Matis Aerospace : Née d'un partenariat entre le Groupe Royal Air Maroc, le constructeur Boeing et Labinal, filiale du groupe SAFRAN, cette entreprise, basée à la technopole de Nouasser, est spécialisée dans la fabrication des câblages aéronautiques pour différents avionneurs (Boeing, Airbus, Dassault aviation...).

6. Pôle innovations et services, avec trois entités dans sa gérance :

- Atlas multiservice: regroupe le traitement de toutes les opérations au sol relatives aux passagers ou aux avions.
- Atlas Catering: Cette entité est spécialisée dans la restauration, elle dispose d'une capacité totale de six millions de repas par an.

- Atlas Online : spécialisée dans l'activité des centres d'appels.

## 1.2.2 Composition de la flotte RAM

La flotte de Royal Air Maroc est composée de 47 avions dont un dédié exclusivement à l'activité Cargo. (voir tableau 1 en annexes)

Les Boeing constituent l'ossature de cette flotte depuis l'adoption de la politique d'homogénéisation de cette dernière à partir de 2010, stratégie ciblant une optimisation des coûts d'entretien des appareils et de la formation des pilotes.

La flotte Moyen-courrier est composée de 37 Boeing 737 répartis comme suit :
- Un Avion Boeing 737 ancienne génération
- 36 avions Boeing 737 Nouvelle Génération dont
    - 30 avions de type 800
    - 6 avions de type 700

La compagnie assure ses vols Long courrier par le biais de 5 avions dont 4 Boeing 767-300 et un Boeing 747-400. Quant aux vols domestiques et court courrier, ils sont effectués par 5 ATR tous de type 600.

La compagnie envisage élargir sa flotte à l'avenir, elle projette faire naviguer 52 avions d'ici fin 2017. En effet, Royal Air Maroc attend la réception d'un nouveau Boeing 787 de la nouvelle génération en décembre 2014, le $2^{ème}$ est en Février 2015, et les 3 restants avant Décembre 2017.

## 1.2.3 Organigramme de la compagnie :

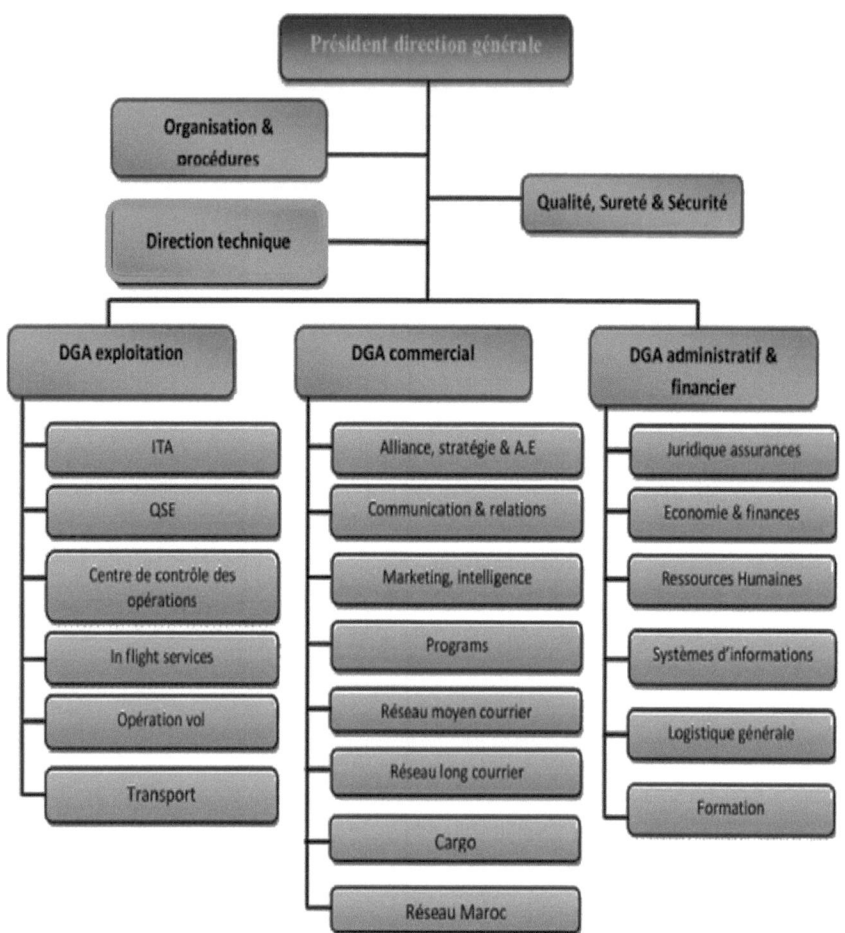

FIGURE 1-2: Organigramme de la compagnie RAM

Notre projet a été effectué au sein de la direction technique de la RAM qui se trouve à NOUACEUR tout près de l'aéroport. Cet emplacement est choisi en guise d'être à proximité des avions pour les opérations de maintenance.

### 1.2.4 Description de la direction technique :

Le rôle principal de la direction technique est la veille sur la navigabilité de la flotte. Elle s'occupe de la gestion des AD (ou consignes de navigabilité qui sont des instructions touchant la sécurité de l'avion élaborées de la part de l'autorité d'aviation) ou SB ( des solutions techniques générées par le constructeur, nous allons le définir en détails par la suite), de l'étude et l'analyse de la fiabilité des avions exploités par la compagnie. Elle établit les programmes de maintenance pour les différentes visites de maintenance, aussi la gestion des documents réglementaires des avions constitue l'un des rôles majeurs de la direction technique.

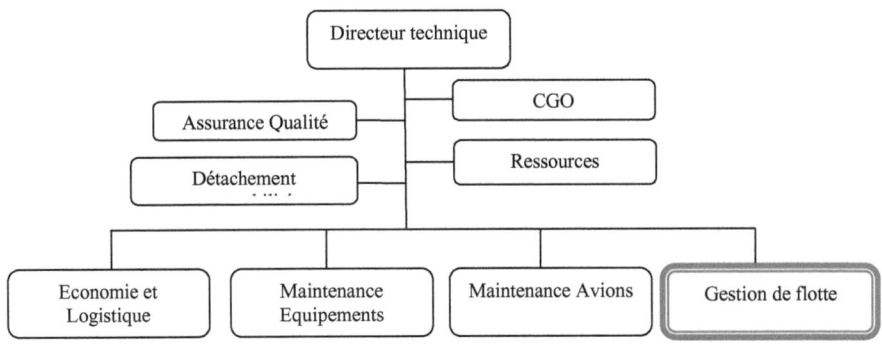

FIGURE 1.4 : Organisation de la fonction Ingénierie

Les différents départements de la direction technique sont :
- Assurance qualité :

En vue d'une veille sur l'ensemble des normes, lois et règlements du secteur aéronautique adoptés par la compagnie, des audits internes s'imposent. Ces derniers sont exercés par le département qualité qui veille non seulement sur le côté technique mais assure le suivi du programme de formation et habilitation du personnel de la RAM (techniciens, mécaniciens, ingénieurs...). Un des plus importants rôles du département qualité consiste à modifier et mettre à jour en permanence le manuel de règlements suivi par la compagnie.

- Ressources humaines :

Ce service traite toutes les affaires administratives, sociales, de formation professionnelle, d'hygiène et de sécurité, directement liées au personnel et aux fonctions spécifiques de la direction technique.

- Economie et logistique Industrielle :

Dépendant hiérarchiquement de la direction financière, ce département gère les finances de la direction technique et se charge de l'élaboration des appels d'offre pour les contrats de maintenance à l'étranger, ainsi que de l'acquisition de pièces de rechange au travers de sa section Achats.

- Maintenance avions :

Responsable de la planification et de la réalisation des travaux d'entretien préventifs et curatifs sur les avions déposés à la base (Technopole de Nouasser) ou même en escale.

- Maintenance équipements :

Après avoir établi une « Capability-List », en extension permanente, répertoriant l'ensemble du matériel pouvant être traité par la compagnie, ce département assure le passage au banc des équipements démontés de l'avion pour diagnostiquer d'éventuelles pannes avant d'effectuer les réparations qui s'avèrent nécessaires.

- Gestion de la Flotte:

Assure la couverture de toutes les unités d'études et d'analyse de fiabilité des avions exploités par la compagnie et éventuellement par les clients sous contrat. Par ailleurs, il s'assure de la mise en place et du suivi des systèmes d'information nécessaires à l'activité du CIA. La fonction Gestion de flotte est composée en deux départements : département planning pour la planification des travaux de maintenance des avions et le département Ingénierie.
Le Fonction Ingénierie est composée de :

- Des fonctions études :
    - ✓ Etudes Structure et Systèmes Avion (GF-SS)
    - ✓ Etudes Avioniques et Systèmes Electriques (GF-AS)
    - ✓ Etudes et Gestion Moteurs/APU (GF-EM)
    - ✓ Etudes Cabine et Systèmes Commerciaux (GF-CA)
- Une fonction de logistique et de support :
    - ✓ Fiabilité et Bases de Données (GF-FI).

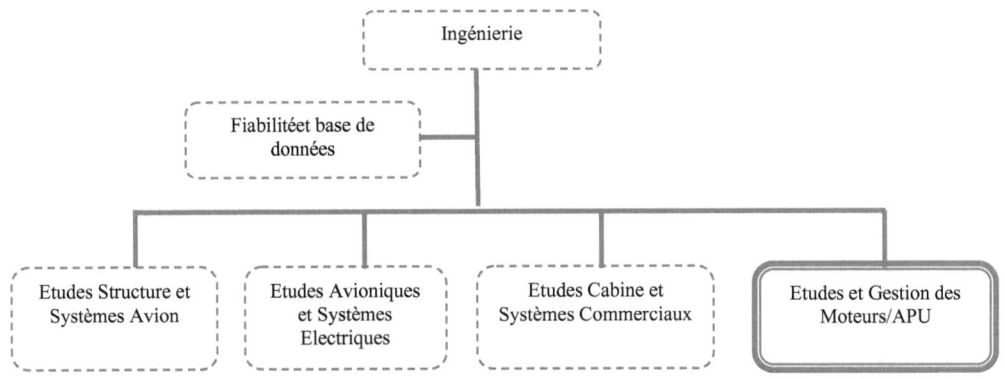

FIGURE 1.5 : organigramme du département ingénierie

## 1.2.5 Fonctions de la GF-EM:

La GF-EM est l'entité responsable de la gestion des moteurs et APU, lieu de notre Projet. L'équipe GF-EM ou Gestion de Flotte Etudes et gestion Moteurs et APU est tenue d'assurer plusieurs fonction dont l'élaboration des solutions de réparation structurale des moteurs/APU. Elle s'occupe aussi comme toute compagnie aérienne de la notification aux autorités, aux constructeurs et aux équipementiers des erreurs détectées dans les documents publiés par ces organismes. La préparation des EO (engineering orders), qui sont des documents contenant les étapes nécessaires pour la réalisations des travaux standards sur les avions à partir des manuels d'entretiens approuvés. Elle prend en charge aussi l'étude et l'incorporation des AD relatifs aux moteurs. Et finalement,, la fonction qui nous intéresse dans le projet qui est la sélection et l'enregistrement des *Sevices Bulletins* relatifs aux moteurs.

Le processus de gestion des moteurs et des APUs schématisé sur la figure 1.2 en annexes est constitué de 5 grandes étapes après avoir démonté le moteur de l'avion:

- **Dépose moteur chez le sous-traitant :**

MA-MB remet une étiquette intitulée « unserviceable »pour informer que l'engin est hors service.
la fonction GF-EM émet un « workscope », c'est un document qui contient les différents détails concernant le moteur en question et que le sous-traitant doit prendre en considération lors de la

réparation. Elle effectue par la suite une mise à jour de la version passée du « workscope » du moteur. La fonction logistique est dans l'obligation de préparer les documents exigés par le sous-traitant à savoir l'état des accessoires ainsi que les pièces manquantes ne nuisant pas au fonctionnement du moteur.

La GF-EM prépare par la suite une demande d'achat, qu'elle transmet à la fonction LO-AM afin de la traduire en bon de commande qui va être envoyé au sous-traitant. La manutention du moteur, ou encore sa dépose, est assurée par la fonction MA-MB ou bien la fonction logistique. L'acheminement du moteur vers le sous-traitant se fait à l'aide de la fonction logistique.

- **Suivi du moteur**

La GF-EM à ce stade, a pour mission d'assurer l'interface entre le sous-traitant et la compagnie, de faire le suivi du TAT qui est le temps contractuel que doit passer le moteur en réparation chez le sous-traitant, la gestion des risques de retard à travers la détection et diminution de ses causes. Ainsi elle doit rendre compte aux différents départements concernés de la direction technique de l'avancement de la procédure.

Des prélèvements peuvent avoir lieu pendant la réparation, c'est-à-dire que le sous-traitant pourrait avoir recours à des pièces afin d'assurer sa fonction. Pour cela, il doit prendre l'autorisation de la DT qui, une fois accorde son approbation, lui fournit les prélèvements. La GF-EM effectue une analyse des devis et négocie les prix. Et une fois le moteur réparé, le sous-traitant procède à un test simulateur afin de s'assurer du bon fonctionnement du moteur.

- **Réception du moteur**

Le moteur une fois reçu, passe par un enregistrement technique, fait par un technicien spécialisé en compagnie d'un inspecteur qui vérifie le bon fonctionnement. Une vérification documentaire est faite par la direction GF-EM afin de remplir le dossier visite et de s'assurer que le « workscope » est appliqué et que les MPLs standards sont respectées.

- **Contrôle des factures des moteurs**

En se basant sur le « workscope » et sur les clauses du contrat. La direction approuve l'accord de paiement. Une fois approuvée, la facture est validée et classée dans le dossier moteur. En cas de litige sur les montants figurants dans la facture, elle est bloquée et retardée jusqu'à résolution.

- **Traitement des garanties des moteurs**

Une demande de garantie est rédigée par la GF-EM. La GF-EM renseigne la rubrique « warranty » du workscope en guise de mise à jour. La GF-EM rédige pendant la « shop visit » une fiche de réclamation de garantie et calcule le montant avec lequel le constructeur doit participer.

### 1.2.6 Types de maintenance chez la RAM

Les visites de maintenance sont divisées en deux types majeurs :

- **Visites légères :**

Les visites légères de la maintenance sont constituées de trois types visites ; des visites journalières et qui peuvent se faire sur deux jours, des visites hebdomadaires ainsi que des visites toutes les 650 heures de vols, celle-ci est nommée visite « A »

- **Visites lourdes :**

La fonction « Heavy Maintenance » assure la réalisation des visites C et D, ainsi que des chantiers spéciaux tels que les modifications majeures et les réparations lourdes, et ce, dans les meilleures conditions de sécurité.

Ces prestations sont tout aussi bien assurées pour des avions RAM que pour des compagnies tiers : Air France, Belview...

Deux principales visites y sont réalisées, la check C ainsi qie la check D ;

✓ *La check « C » :*

Cette visite est faite chaque 5.000 heure ou 18 mois. Elle se fait à l'étranger contrairement aux visites légères qui se font au Maroc.

On y compte 6 sortes de visites : la C1, la C2, la C3, la C4, la C5 et la C6.

Parmi les opérations standards faites lors d'une check « C » on trouve :

La dépose de plusieurs panneaux d'accessibilité au niveau des ailes, moteurs et zone arrière de l'avion visité, pour l'inspection des ses différentes composantes ainsi que la révision des sièges PNC et PNT de la cabine.

Les mécaniciens peuvent relever au cours de ces travaux des anomalies, auxquelles cas d'autres travaux supplémentaires sont lancés.

Le travail lors d'une check « C » s'organise comme suit :

1. Equipe Structure : assure les travaux de chaudronnerie aéronautiques, de plasturgie, de soudure et de peinture sur l'avion.

2. **Equipe Intérieur Cabine** : assure la réalisation des travaux d'entretien de l'intérieur des cabines : Galleys, fauteuils, racks à bagages...
3. **Equipe Equipements** : s'occupe de tous les équipements électriques et électroniques dans tout l'avion.
4. **Equipe Cellules et Moteurs** : assure toutes les interventions sur différentes parties de l'avion : zone arrière, ailes, moteurs...

✓ *La check « D »* :

Cette visite est faite tous les 8 ans environ. Lors d'une Grande Visite, l'avion est complètement démonté, du fuselage extérieur jusqu'au à l'intérieur cabine, en passant par la zone arrière, les moteurs, les ailes...et est inspecté au centimètre près.

Ainsi, l'avion est sujet à :

- La dépose des portes de visite pour offrir l'accessibilité à l'avion traité,
- La vidange des réservoirs,
- La mise sur vérins.
- L'assèchement des réservoirs et ventilation.
- La dépose de tous les éléments, suivant les bancs standards extraits du manuel d'entretien fourni par le constructeur.
- Traitement et réparation des pièces défaillantes.
- Normalisation...

Mis à part les différents travaux standards lancés par le planning lors d'une visite « D », d'autres travaux supplémentaires peuvent survenir après détection d'anomalies par les mécaniciens.

Toutefois, la Grande Visite présente une particularité au niveau de l'organisation des équipes : en plus des 3 premières équipes citées plus haut, la 4$^{ème}$ équipe « Cellules et Moteurs » est divisée en 5 zones, cette répartition est due principalement à la complexité des travaux effectués lors d'une visite« D » :

Cellules etMoteurs
{
 Ailes et Moteurs.
 Trains d'atterrissage et soute avant.
 Cabine et soute électronique.
 Zone arrière.
 Portes, ailerons, spoilers et fuselage extérieur.
}

Un chef d'équipe est responsable de chacune des 5 zones traitées.

Après avoir présenté l'entreprise d'accueil ainsi que la fonction au sein de laquelle nous avons effectué notre projet, nous allons voir par la suite de près en quoi consiste le projet à travers la partie note de cadrage du projet.

## 1.3 Note de cadrage

Cette partie est consacrée à la définition de la problématique et les objectifs visés ainsi que la démarche suivie dans notre projet.

### 1.3.1 Problématique :

Le moteur est une partie cruciale dans l'avion, 60% des coûts de maintenance de celui-ci sont dédiés aux moteurs et 40% pour le reste (systèmes avioniques, mécaniques, hydrauliques, pneumatiques, structures, Software..). Une seule visite de maintenance du moteur peut coûter à la compagnie jusqu'à 4 millions de dollars. D'où la nécessité de bien maîtriser la configuration des moteurs.

Dans le cadre de l'optimisation des coûts de la maintenance des avions et plus particulièrement des moteurs, l'entité GF-EM se doit d'améliorer les processus de gestion des moteurs, dont le processus de traitement des « services bulletins » fait partie.

Notre projet vise donc à améliorer la gestion de ce processus afin de minimiser les coûts de maintenance liés à l'immobilisation des moteurs d'avions.

### 1.3.2 Définition d'un SB « Service Bulletin » :

Le Service Bulletin est un document constructeur permettant d'inspecter et/ou de modifier un avion ou un élément d'avion.
Les Différents types de « Service Bulletins » sont des Alert SB, des Component SB et des SB à caractère normal. (FIGURE 1.5)

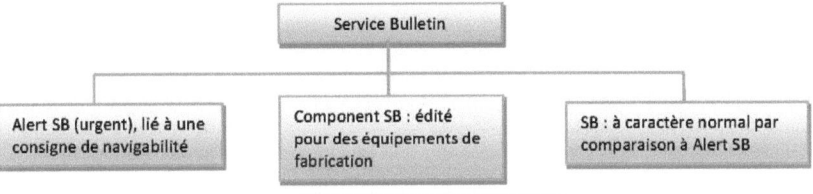

FIGURE 1.6 : types du servie bulletin

Les SB représentent les recommandations élaborées par le constructeur suite à une ou plusieurs réclamations issues des clients pour remédier aux dysfonctionnements qui sont à l'origine. Les Services Bulletins relatifs aux Moteurs/APU et issus du constructeur ont pour but d'améliorer la performance de ces derniers.

Il existe 9 catégories de SB selon l'importance et la gravité de celui-ci:
- ✓ La catégorie 1, d'une importance particulière a une butée d'application stricte.
- ✓ Les catégories 2 et 3 sont également d'une grande importance et doivent être incorporées dans le moteur suite à la politique de la Royal Air Maroc.
- ✓ La mise en œuvre des SB catégories de 4 à 7, est facultative. C'est l'engineering qui décide d'incorporer le SB. Le cas échéant, il doit faire une étude technico-économique pour justifier la nécessité d'application du SB, établir un Bulletin de décision Ingénierie qui comprend le résultat de l'étude, l'envoyer au responsable de la gestion de la flotte pour approuver le SB.
- ✓ Les SB de catégorie 8 sont optionnels et concernent en général les pièces de rechange.
- ✓ Les SB catégorie 9 sont des SB pour information.

Ces Services Bulletins sont générés par le constructeur CFM, Boeing et d'autres équipementiers tels que Honeywell. CFM est une joint-venture entre GE (General Electrique) et SNECMA. Ces entreprises travaillent en permanence sur les pannes qui apparaissent chez les opérateurs clients dont la RAM fait partie. On étudie leur causes et conséquences, leurs fréquences et gravités dans le but d'aboutir à une solution praticable à recommander pour résoudre ces problèmes. Un SB, est donc généré pour fiabiliser les avions.

Les Services bulletins sont des éléments primordiaux dans la procédure de la maintenance des moteurs, ils constituent des solutions performantes préventives et correctives performantes, il suffit d'en choisir le plus convenable et de prendre le soin de l'implémenter.

Un SB est généralement sous forme:
- De propositions de nouvelles pièces de rechange plus fiables que les précédentes;
- D'inspections jugées utiles à faire dans un délai bien déterminé, pouvant dévoiler une imperfection que l'on pourrait entretenir par la suite par un autre SB ou simplement par une opération de maintenance.

Un SB est caractérisé par : sa révision, son effectivité, sa catégorie, ses ressources, ses références. (TABLEAU 1.1)

**TABLEAU 1.1: caractéristiques d'un service bulletin**

| | |
|---|---|
| Sa révision | Le numéro de la version du SB. En effet, un SB n'est jamais clos, les recherches se poursuivent, il se peut même se rendre compte que le Service bulletin n'est plus convenable comme solution, chose qui arrive rarement. Des améliorations y sont apportées par émission d'une nouvelle révision, ou il est carrément supprimé pour qu'il soit remplacé par un autre SB plus pratique. Chaque fois que le SB est objet de modifications, ou de mises à jour, son numéro de révision est incrémenté. |
| Son effectivité | le type de moteurs ainsi que le type de pièces concernés par le SB |
| sa catégorie | une estimation de son importance (de 1 à 9 par importance et priorité décroissante), cette estimation est faite sur la base de la gravité du problème qu'il est censé résoudre, quant au bon fonctionnement du moteur et donc de la sécurité de l'avion. |
| Ses ressources | Ressources humaines et matérielles qu'il requiert, avec éventuellement le coût de quelques pièces de rechange. |
| Ses références | D'éventuelles informations telles que les référentiels à utiliser pour reconnaitre les étapes de maintenance à suivre pour l'implémentation du SB, les informations concernant le fournisseur des pièces identifiées dans le SB. |

## 1.3.3 Objectifs du projet :

Suite au besoin recensé à travers la définition du projet, l'objectif principal du projet serait d'augmenter la tenue du moteur sous l'aile, en augmentant le niveau de maîtrise de leur configuration.

L'objectif du projet peut être décliné en les sous-objectifs suivants:

- ✓ Diminuer le temps de traitement des AD et EO.
- ✓ Minimiser les retards dus aux pannes des moteurs.
- ✓ Diminuer les temps d'interventions de la main d'œuvre.
- ✓ Etablir et verrouiller les canaux de communication entre les différentes entités.

## 1.3.4 Démarche du projet :

La Royal Air Maroc a constaté un besoin d'amélioration dans le processus de traitement des services bulletins, pour répondre à ce besoin nous avons adopte la démarche suivante:

Etape1 : description du problème.
Etape2 : étude du processus en collectant les données.
Etape3 : analyser les défaillances.
Etape4 : détecter les causes majeures de ces défaillances.
Etape5 : amélioration en proposant les solutions adéquate pour chaque défaillance.
Etape6 : proposition de solution de maitrise des améliorations.

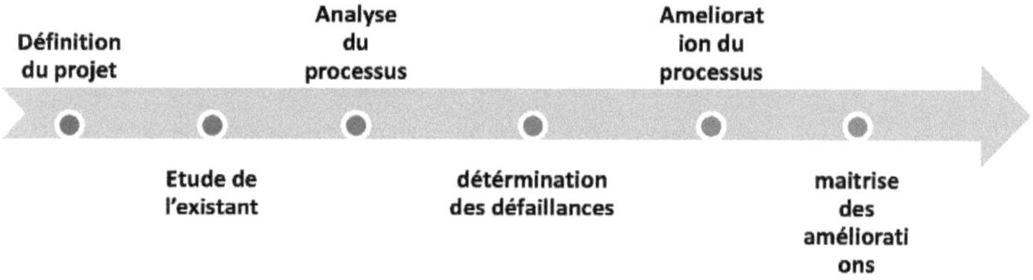

**FIGURE 1.7: démarche du projet**

## 1.3.5 Diagramme de Gantt :

Notre travail est planifié comme suit :

- ✓ Date de début : 10 Février 2013.
- ✓ Date de fin : 20 Mai 2013.

Livrables du projet :

- ✓ Mise à jour de la base de données des Services bulletins appliqués par moteur.
- ✓ Etablissement d'un minimum standard de la configuration des moteurs en termes de Services bulletins.
- ✓ Etat des moteurs par rapport au minimum standard.
- ✓ Etablir une application de suivi du minimum standard ainsi que l'état des moteurs comparé à ce dernier.
- ✓ Cartographies des retards des avions dues aux pannes moteurs.

✓ Etude technico-économique des solutions proposées.

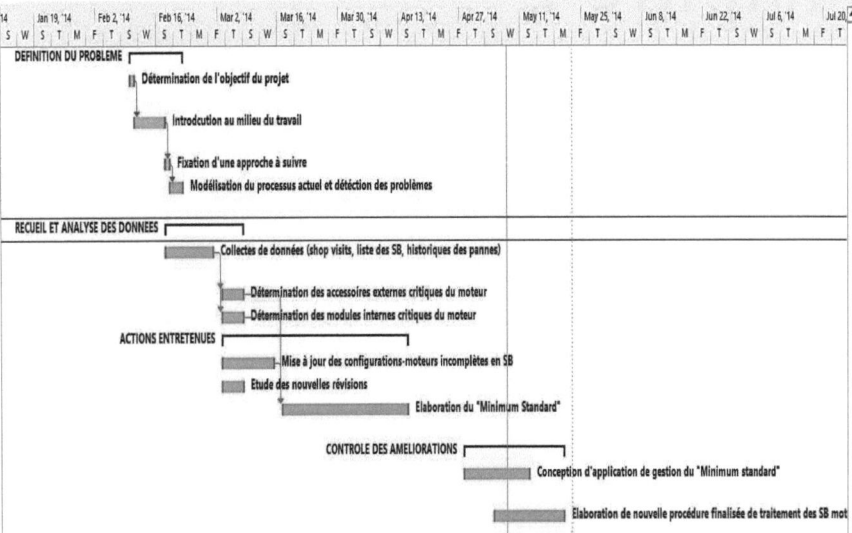

FIGURE 1.8 : diagramme de Gantt du projet

## 1.4 Conclusion :

Dans ce chapitre, nous avons présenté l'organisme d'accueil, l'entité responsable de la gestion des moteurs, sa mission et la problématique de ce projet de fin d'études. Dans les chapitres suivants, nous allons analyser le processus de traitement des services bulletins afin de déterminer les défaillances touchant ce dernier, déterminer les solutions convenables, enfin assurer leur maîtrise.

# Chapitre 2

## 2. Etude de l'existant

Ce chapitre précise une description générale du système moteur de la Boeing 737 nouvelle génération, ainsi que l'analyse du processus de traitement des Services bulletins relatifs à ces moteurs actuel.

# 2- Etude de l'existant

## 2.1 Introduction

Ce chapitre se décline en deux parties majeures : une présentation générale du moteur, objet de notre projet de fin d'études ainsi que le traitement des services bulletins. La première partie présente la composition du moteur ainsi que son fonctionnement. Le but de cette partie est de bien comprendre le fonctionnement des différents modules internes du moteur CFM56-7B, ainsi que les accessoires externes faisant objet de notre projet de fin d'études avant de passer à leur diagnostic. C'est en se basant sur ce dernier que nous allons déterminer les parties critiques du moteur sur lesquelles nous allons nous baser pour le choix des solutions adéquates dans le chapitre 3. La deuxième partie de ce chapitre consiste en l'analyse du processus de traitement des SB.

## 2.2 Généralités sur les moteurs

Avant d'entamer la partie de l'étude de l'existant, il est crucial de faire une petite description générale du moteur d'avion carburant dans le but d'introduire les principes basiques de l'environnement dans lequel ce travail a été développé. Pour cela nous allons commencer par une décomposition du moteur pour pouvoir situer les différents modules du moteur. Ensuite, nous allons expliquer brièvement le fonctionnement de ce dernier pour passer à la fin à la détermination de la catégorie des moteurs qui fera l'objet de notre projet. [1] [3]

### 2.2.1 Les moteurs d'avion :

Le turboréacteur est un moteur à réaction tirant ses propriétés propulsives de la différence de la vitesse existent entre l'air absorbé et l'air rejeté. Pour accroître cet écart, l'air aspiré subit plusieurs transformations, à savoir la compression, la combustion puis la détente.

FIGURE 2.1 : exemple d'un turboréacteur

♦ Compression. Une augmentation de la pression dans le compresseur. Cette compression augmente l'énergie de l'air donc la combustion devient plus efficace par rapport à l'obtention de puissance. La turbine objet de l'étude est composée d'un compresseur à double corps, cet à dire, avec deux étapes consécutives de compression à basse pression et ensuite à haute pression.

♦ Combustion. Une fois l'air compressé, l'énergie est encore augmentée par l'apport énergétique du carburant dans la chambre de combustion. Cette dernière produit l'énergie nécessaire pour tourner le HPT rotor. La combustion se fait par le mélange de l'air sous pression, provenant du compresseur HP, avec le fuel pulvérisé, à travers 24 injecteurs. Ce mélange s'enflamme dans la chambre de combustion pour former des gaz à hautes températures qui seront envoyés à la turbine haute pression. Après la combustion, l'énergie calorifique du mélange est considérable.

♦ Détente. L'énergie des gaz chauds est utilisée pour deux finalités. D'abord, les gaz chauds à la sortie de la chambre de combustion font tourner la turbine qui va prélever une partie de leur énergie et la transformer en énergie mécanique pour entraîner le compresseur et les accessoires. La majorité de l'énergie des gaz expulsés provoque une poussée par réaction sur la tuyère.

Le modèle classique de turbine est composé de ces trois étages. Traiter une plus grande quantité d'air avec une "soufflante" ("fan") placée à l'entrée du moteur. La "soufflante" aspire et accélère plus d'air qu'il n'en faut pour la combustion. Ce surplus d'air est simplement éjecté à l'arrière plus vite qu'il n'est entré dans la "soufflante". Un turboréacteur équipé d'une soufflante est dit double flux. En effet, une partie de l'air admis (le flux primaire) s'oriente vers le compresseur BP et subit les transformations décrites dans le paragraphe 2.1 alors que l'autre partie (le flux secondaire) est comprimée par le fan, entraîné par la turbine BP. Le flux secondaire est ensuite détendu dans la partie extérieure du moteur et produit 80% de la poussée. Cette solution, qui permet de faire des économies de carburant, est particulièrement adaptée aux avions de transport civil. Chez Snecma, c'est le CFM56 qui illustre le mieux cette technologie.

Ce modèle est appelé T*urbofan à double flux*. Cette amélioration permet d'obtenir une poussée plus importante au décollage (l'air étant très dense au niveau su sol) et surtout de réduire le bruit résultant de l'éjection des gaz chauds au niveau de la tuyère. Quelques chiffres permettent de situer les performances de ce type de moteur.
La longueur du moteur est de 2422mm et le diamètre de la soufflante est de 1735 mm.

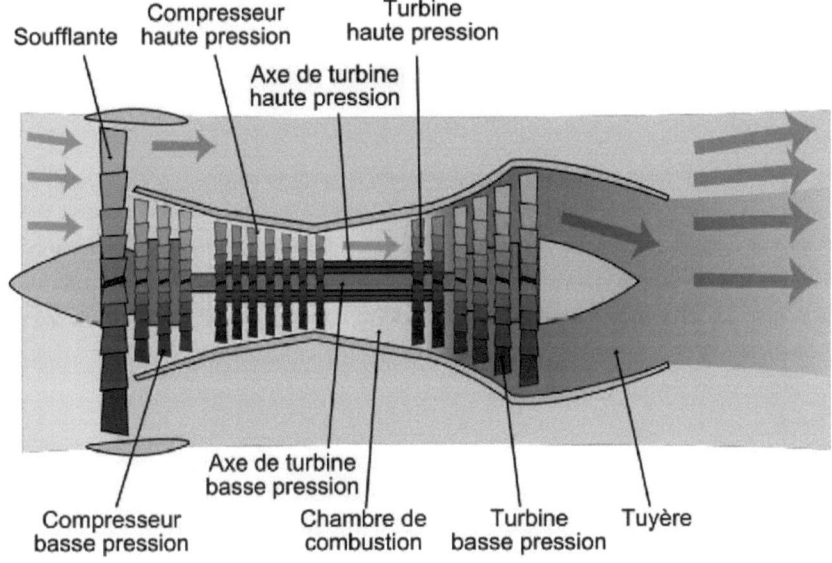

FIGURE 2.2 Constitution d'un réacteur à double flux

Le turboréacteur est un moteur à réaction tirant ses propriétés propulsives de la différence de vitesse existant entre l'air absorbé et l'air rejeté. Pour accroître cet écart, l'air atmosphérique aspiré par le compresseur subit plusieurs transformations :
• Une compression dans le compresseur

- Une augmentation de la température dans la chambre de combustion
- Une détente dans la turbine et la tuyère

Ces trois transformations ont lieu simultanément et de façon continue dans chaque organe du moteur, comme le montre la figure 1

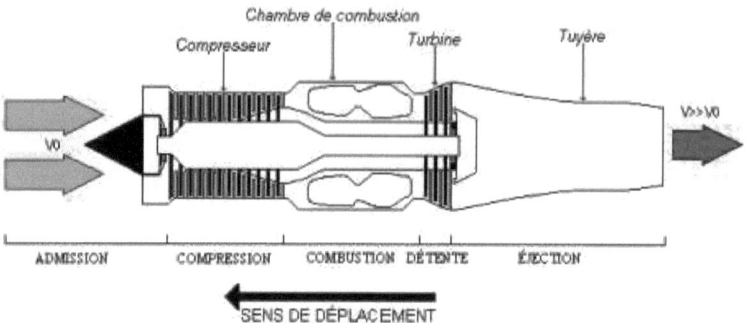

**FIGURE 2.3 : Schéma de principe d'un turboréacteur**

- Compression

Le turboréacteur doit absorber et comprimer de l'air pour assurer son fonctionnement. Cette compression permet en effet d'optimiser les processus de combustion et d'extraction de puissance puisque la combustion du mélange combustible/comburant se fait dans un plus petit volume. Le turboréacteur est dit mono-corps s'il se compose d'un seul compresseur associé à une seule turbine. Il est dit double corps s'il est doté d'un compresseur BP (Basse Pression) associé à une turbine BP et d'un compresseur HP (Haute Pression) associé à une turbine HP.

- Combustion

La combustion est le phénomène par lequel l'énergie chimique d'un combustible est transformée en énergie calorifique. L'air comprimé sortant du compresseur entre dans la chambre de combustion, qui est en général de type annulaire. Là, il est partiellement mélangé au carburant pulvérisé, puis enflammé. Sa température, et donc son énergie disponible sous forme calorifique (enthalpie), augmentent considérablement.

- Détente

En sortie de chambre de combustion, les gaz comprimés et très chauds vont se détendre en deux phases :
- dans la turbine qui va prélever une partie de leur énergie interne et la transformer en énergie mécanique pour entraîner le compresseur et les accessoires
- ensuite, dans la tuyère où ils vont acquérir une vitesse d'échappement maximale et produire, de ce fait, une poussée

En plus des éléments cités précédemment, le turboréacteur comporte un système de démarrage et d'allumage, ainsi que d'autres systèmes assurant le contrôle du moteur.

### 2.2.2 Le turboréacteur CFM56-7B

Le turboréacteur CFM56-7B, présenté en figure II.4, est un turboréacteur double flux double corps. Il est constitué d'un orifice d'admission d'air, d'une soufflante en titane de 1550 mm de diamètre avec des aubes à large corde, de compresseurs basse et haute pression, d'une chambre de combustion annulaire, d'une turbine HP dotée d'aubes capables de résister à des températures extrêmes, d'une turbine BP et d'une tuyère.

Il intègre également une régulation électronique pleine autorité redondante (FADEC). Et pour répondre aux exigences des compagnies les plus soucieuses de l'environnement, ce moteur peut être équipé d'une chambre de combustion à double tête ; ce qui permet de réduire jusqu'à 40 % les émissions d'oxydes d'azote par rapport aux chambres classiques.

FIGURE 2.4 : Le turboréacteur CFM56-7B.

### 2.2.3 Les différents accessoires du moteur :

Le moteur CFM56-7B est équipé d'un FADEC : *Full Authority Digital Engine Control*. Comme son nom l'indique, le FADEC est un système électronique de régulation pleine autorité ce qui signifie que la partie électronique du système contrôle toutes les fonctions de régulation. La régulation est entièrement gérée par ce système qui comprend :

- le calculateur ou l'ECU (Engine Control Unit)
- l'unité hydromécanique ou le HMU (Hydro Mechanical Unit)
- le connecteur d'identification
- les capteurs
- les câblages inter-composants (harnais électriques)
- les actionneurs
- les composants d'allumage moteur
- les entrées et sorties du système inverseur

**Les capteurs** donnent une indication de l'état dans lequel se trouve le moteur à l'ECU. Ils fournissent des indications de température, de pression, de débit, de vitesse de rotation et de position. Ils fournissent les signaux des variables qui nous informent sur l'état de fonctionnement. Deux capteurs redondants fournissent deux voies de mesure identiques disponibles pour chacune des variables afin de parer à l'éventualité de la défaillance d'un capteur. Le problème est donc de détecter la défaillance d'un capteur, puis de localiser la voie fournissant des mesures erronées.

**L'ECU** assure la gestion du système de régulation suivant les informations qui lui arrivent (commande provenant de la manette des gaz du cockpit, indications des capteurs, signaux de détection de pannes) et effectue ensuite les opérations appropriées : envoi de consigne à un actionneur ou au système inverseur, envoi de message de maintenance, envoi de commande de démarrage du moteur.

**Le HMU** commande et régule les équipements. Cette interface est pilotée par l'ECU et contrôle le positionnement des actionneurs et le dosage du carburant.

**Les actionneurs** exécutent les ordres. Parmi ces éléments de puissance, on trouve des pompes, des doseurs de carburant, des injecteurs et des vérins. Chargés du pilotage de la configuration variable du moteur, les vérins sont au nombre de six :

- FMV (Flow Modulation Valve) qui règle la quantité de carburant injectée dans la chambre de combustion et qui joue donc un rôle fondamental
- VSV (Variable stator Valve) qui ajuste l'incidence des redresseurs du stator du compresseur pour obtenir son efficacité optimale

- VBV (Variable Bleed Valve) qui dévie une partie du flux primaire (flux le plus chaud) vers le secondaire pour éviter un retour de pression (pompage)
- TBV (Transient Bleed Valve) qui dévie une partie du flux d'air du 9e étage du compresseur HP vers le 1er étage de la turbine BP, pour une efficacité optimale
- HPTCCV (High Pressure Turbine Clearance Control Valve) qui contrôle le jeu entre les aubes et le carter de la turbine haute pression
- LPTCCV (Low Pressure Turbine Clearance Control Valve) qui contrôle le jeu entre les aubes et le carter de la turbine basse pression

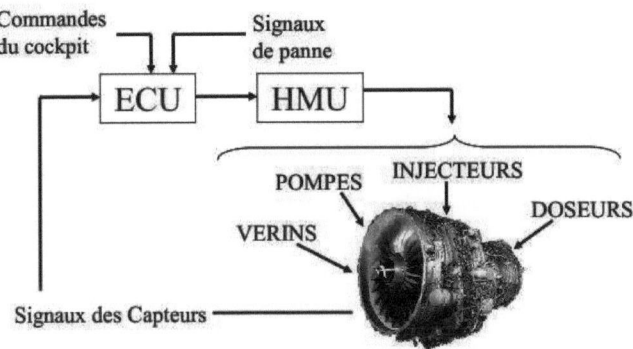

FIGURE 2.5 : Boucle globale de commande

En ce qui concerne le circuit de carburant, son premier rôle est d'assurer l'alimentation du turboréacteur en carburant propre et dosé avec précision en l'amenant du réservoir de l'avion aux injecteurs de la chambre de combustion. Il doit de plus assurer différentes fonctions commandées par le système de régulation, en agissant, au moyen de servovalves, sur des actionneurs (ou vérins). Il joue un rôle important dans les configurations de vol suivantes : démarrage et rallumage en vol, et fonctionnement en secours en cas de panne du circuit de carburant principal. Enfin le carburant est aussi utilisé comme source froide par des échangeurs thermiques (huiles, air). Le circuit carburant est composé d'un circuit base pression et d'un circuit haute pression.

Les principaux équipements du circuit basse pression sont :

**Une pompe BP** : centrifuge (2 à 16 bars), qui récupère le carburant fourni par la pompe de gavage du réservoir avion à 2 ou 3 bars et assure une première élévation de pression pour éviter le phénomène de cavitation de la pompe HP. Ce phénomène, qui se manifeste par la formation de poches gazeuses autour des pièces mobiles (pignons, paliers), est en effet responsable de la dégradation du rendement de la pompe HP.

**Des échangeurs huile/carburant**, qui servent selon leur positionnement dans le circuit à refroidir l'huile provenant de l'IDG ou celle du moteur et à réchauffer le carburant destiné aux servovalves.

**Un filtre principal** (porosité de 38 µm), qui retient les particules présentes dans le carburant afin de protéger la pompe haute pression et les organes de dosage et un filtre auto-lavable, qui purifie le carburant destiné aux actionneurs des géométries variables.

Et les principaux équipements du circuit haut pression sont :
**Une pompe HP** volumétrique à engrenages (25 à 120 bars), qui assure un deuxième étage de pression et alimente le dispositif de dosage dans des conditions déterminées de pression et débit carburant.
Le carburant partant de cette pompe à l'HMU se décompose par la suite en deux flux : le premier est destiné aux jets de carburants qui se trouvent tout autour de la chambre de combustion et qui assurent l'alimentation de la chambre de combustion en carburant qui sera enflammé par la suite en présence de l'air. La quantité du carburant éjectée dans la chambre de combustion est contrôlée par l' HMU. Le 2ème circuit est envoyé aux vannes (VBV, VSV..).

## 2.3 Les moteurs à étudier:

La flotte Royal Air Maroc est composée de plusieurs types d'avions notamment les avions 747 et 767 qui font les longs courriers, les ATR qui assurent les voyages nationaux et les avions 737-700 et 800 qui font le moyen-courrier.
Vu que notre travail ne peut pas porter sur l'ensemble ses moteurs, nous allons travailler sur les avions Boeing 737-700 et 800 qui représentent 76.6% de la flotte entière. Il est tout à fait légitime d'accorder une attention particulière à cette catégorie, d'autant plus qu'elle affiche le plus grand taux d'utilisation de la flotte de la RAM.

Les avions Boeing 737-700, le 737-800 en plus de l'avion 737-900 présentent la nouvelle génération de Boeing après les classiques qui sont le 737-300, le 737-400 et le 737-500 et les modèles originaux qui sont les 737-100 et 200.

Pour la flotte RAM, on dispose de 6 avions de type B737-700 et 30 avions de type B737-800. Chacun de ces avions contient deux moteurs qui rentrent dans l'un des modèles suivants selon leur poussée :

- ➢ CFM56-7B24
- ➢ CFM56-7B24/3
- ➢ CFM56-7B26
- ➢ CFM56-7B26/3
- ➢ CFM56-7B26E

## 2.4 Analyse du processus

Cette partie consiste à analyser le processus de traitement des Service Bulletins afin de déterminer les différentes défaillances qui en résultent. Pour cela, nous allons commencer par une modélisation du processus en se basant sur deux outils (SADT, BPMN) afin de pouvoir décortiquer les défaillances du processus

### 2.4.1. Modélisation du processus :

Avant de déterminer les défaillances du processus de traitement des Services Bulletins relatifs au moteur, il est crucial de commencer par une modélisation du processus afin de mieux le comprendre.

La cartographie du processus permet d'illustrer les flux d'informations à travers les différentes étapes du processus en fournissant une représentation visuelle de ces étapes telles qu'elles sont exploitées afin de détecter les imperfections qui touchent le processus actuel.

La méthode de modélisation adoptée sera en fonction de l'objectif du processus ainsi que les problèmes que l'on souhaite mettre en relief. Il faut donc choisir la bonne représentation, les bonnes informations à faire apparaître, le bon niveau de détails sont les premières questions à se poser lorsqu'on fait une cartographie. Commençons tout d'abord par une modélisation SADT qui résume le mode de fonctionnement du processus étudié.

2.4.1.1.**Modélisation SADT :**

Nous faisons apparaitre à travers cette figure les variables d'entrée (les X) ainsi les variables de sortie (les Y).

**Variables d'entrée :**

✓ Nouveaux SB : chaque nouvel SB moteur qui arrive de chez le constructeur et qui doit entrer dans le processus pour être étudié afin de juger son importance à l'égard de la flotte RAM.

✓ Nouvelles révisions : les nouvelles mises à jours concernant les SB et qui sont censées être étudiées pour voir si ces derniers valent la mise en place sur le moteur ou pas.

**Variables de sortie :**
✓ SB appliqués : l'ensemble des Services Bulletins approuvés pour être appliqués après étude.

✓ Niveau de fiabilité des moteurs : qui veut dire l'impact des SB comme solution amélioratrice de la maintenance sur le moteur, à savoir :
- Une diminution de nombre d'annulations de vols,
- Une diminution des temps des retards au départ dus aux problèmes liés au démarrage des moteurs.
- Une diminution des incidents techniques, tels que la diversion, ou l' « air turn back ».

Éventuellement, on fait apparaître les facteurs bruits (en SADT, données de contrôle) qui perturbent l'activité mais qu'on ne maîtrise pas et les facteurs de pilotage(en SADT, moyens de réalisation) qui permettent d'ajuster les Y sur la cible souhaitée. Nous allons avoir l'occasion d'expliciter encore plus ces derniers dans ce qui suit du rapport.

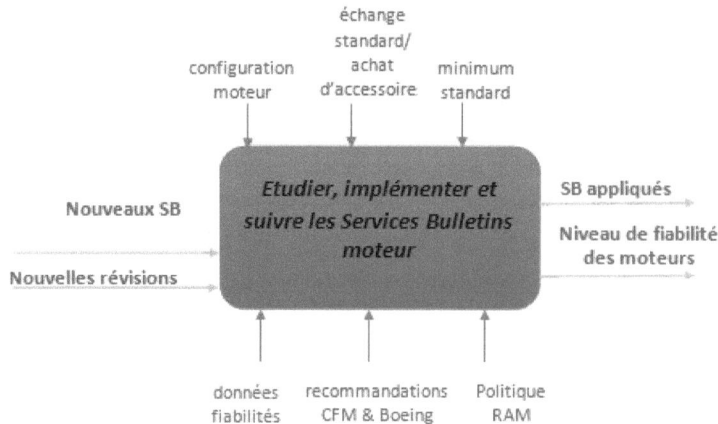

**FIGURE 2.6 : modélisation SADT du processus de traitement des SB**

## 2.4.1.2. Modélisation BPMN :

La figure suivante présente une modélisation du processus de traitement des Services Bulletins relatifs aux moteurs :

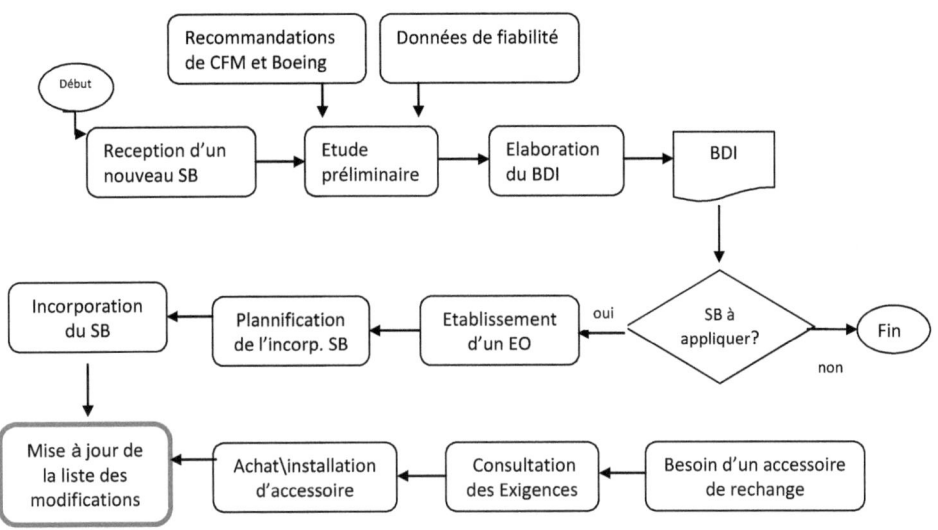

**FIGURE 2.7 : Modélisation BPMN du processus de traitement des SB**

Lors de la réception d'un nouveau SB. On fait une étude préliminaire en se basant sur les recommandations Boeing et CFM ainsi que les données de fiabilité, une fois l'étude préliminaire est terminée on passe à l'élaboration du BDI « Bulletin de décision ingénierie » pour justifier la décision finale concernant l'applicabilité du SB. Le BDI est un document élaboré par l'entité responsable du service bulletin pour justifier son applicabilité. Il se compose de l'objet du Service bulletin, son effectivité du SB, son genre (inspection, modification, information,..).

Le BDI contient aussi l'analyse technique contenant la raison d'applicabilité du SB, que ce soit l'augmentation de la fiabilité du moteur, l'augmentation de la sécurité, la réduction des coûts, confort des passagers, etc. La dernière partie est l'analyse économique contenant le coût de la main d'œuvre et du matériel utilisé dans le SB. Il contient aussi d'autres informations concernant le Service Bulletin telle que sa périodicité. Toutes ces informations servent de base à la prise de décision finale concernant l'applicabilité du SB.

Dans le processus actuel de traitement des services bulletins, la démarche suivie, schématisée sur la figure II-3, n'est pas tout à fait performante. En effet, la majorité des SB nouvellement introduits, et qui ont obtenu un intérêt de la part des motoristes sont d'origine recommandés du côté du constructeur moteur CFM ou bien du constructeur avion Boeing. Un intérêt qui pousse les motoristes à bien l'étudier en se basant sur les données de fiabilité pour décider de l'implémenter ou non par la suite.

Sur le niveau inférieur du schéma du processus est présentée la procédure suivie par la fonction logistique pour échanger ou acheter des nouveaux accessoires. L'échange ou l'achat d'accessoires est un processus habituel à la RAM. Une fois un composant est en panne et irréparable, il doit être remplacé par un autre plus fiable. C'est pourquoi, la compagnie a toujours recours à l'échange, nommé « Echange standard ».

La fonction logistique reçoit les commandes d'échange ou d'achat de nouveaux accessoires, ces commandes qui doivent être transmises par la suite au fournisseur en charge d'approvisionner la compagnie en articles en question.

La personne en charge d'effectuer la commande auprès du fournisseur vérifie tout d'abord si la pièce est déjà présente en stock, si c'est le cas on passe directement au changement. Sinon, elle doit consulter tout d'abord les exigences qui accompagnent la demande de changement pour les communiquer telles qu'elles sont au fournisseur avant de passer à l'achat. De sa part le fournisseur devra les respecter pour choisir la bonne unité à livrer. Une fois l'accessoire reçu, on doit introduire ce qu'il contient en termes de SB à la liste de configuration moteurs.

### 2.4.2. Détermination des défaillances majeures du processus:

Pour récapituler, voici les défaillances majeures qui affectent le processus actuel de traitement des SB relatifs au moteur et sur lesquelles va porter notre étude:

- **Absence d'une liste exhaustive de la configuration des moteurs:**

Le 1ᵉʳ problème dont souffre l'entité GF-EM est l'indisponibilité d'une liste exhaustive des Services Bulletins appliqués dans chaque moteur. Lors de la réception d'un nouveau SB, on passe à son étude. C'est à ce stade que la nécessité de la liste exhaustive pour la vérification de l'applicabilité du SB est ressentie.

En effet, dans certains cas, les étapes de réalisation d'un SB dépendent de l'état d'un autre SB dans le moteur (Pré-SB ou Post-SB). On devrait donc connaitre le plus rapidement si celui-ci a été appliqué ou pas. Parfois, on ne peut le savoir qu'après examen sur terrain du SB sur le moteur lui-même.

D'un autre côté, ce problème touche même le processus d'application des consignes de navigabilité. Ces consignes signifient des directives réglementaires qui exigent l'application de certains SB qui touchent étroitement la sécurité de l'avion. Elles sont envoyées à toutes les compagnies aériennes, lesquelles doivent exécuter ce qui est prescrit par la consigne de navigabilité avant une date limite précisée par l'autorité d'aviation. Passée cette date sans que la consigne de navigabilité ne soit respectée, l'avion en question devient non navigable. On ne peut donc en aucun cas faire voler l'avion avant de régler la consigne de navigabilité et chaque retard est passible d'une amande exorbitante.

Parfois, l'application de la consigne de navigabilité ne se fait que si un SB bien spécifique est appliqué dans les moteurs. Il arrive donc, à défaut de maîtrise suffisante de la configuration du moteur en termes des SB appliqués dans les moteurs 737-700 et 800, que l'on soit obligé de déposer le moteur et de s'assurer de la présence du SB juste pour décider si les avions en question sont concernés par la consigne de navigabilité ou non. Chose qui engendre des pertes considérables en termes de temps et de coûts de maintenance. De telles déperditions sont intolérables dans un domaine tel que celui de l'aéronautique où le temps perdu signifie tout simplement de l'argent perdu. Alors qu'il suffit de vérifier la liste des SB déjà existants sur le moteur et déduire s'ils interdisent ou pas l'introduction de la consigne de navigabilité en cas d'existence d'une liste exhaustive.

Le problème est donc un problème de recueil des anciens SB appliqués sur la flotte RAM ce qui nécessite donc un répertoire de mise à jour évolutif.

Une fois le SB est approuvé après étude d'applicabilité, il ne reste qu'à planifier son incorporation, c'est-à-dire : où (« on wing » ou bien « in shop »), quand et comment (préparation du E.O à transmette aux mécaniciens) l'incorporer. Une fois le SB implémenté, il doit être répertorié à la liste des SB incorporés dans le moteur.

Un autre problème lié à l'absence de la liste exhaustive des SB appliqués dans les moteurs réside en la difficulté de traitement d'un EO qui nécessite une bonne maîtrise du statut des SB par moteur. L'exemple suivant nous illustre un cas de figure de ce problème. Pour l'introduction d'une pièce spécifique nommée *Cover* sur l'AGB, il faut en $1^{er}$ lieu savoir quel est l'état de ce dernier par rapport au Service Bulletin 72-0564. En effet, les caractéristiques de la pièce à introduire dans l'AGB pré-SB 72-0564 ne sont pas les même en comparaison avec celle à introduire dans l'AGB post-SB 72-0564.

Comme déjà évoqué, la configuration des moteurs devrait être complètement maitrisée et facile d'accès pour éviter les problèmes d'étude de nouveau SB et/ou AD objet de la partie précédente. En faisant une comparaison entre les SB appliqués sur les moteurs et données des visites de maintenance effectuées dans le magasin, nous avons eu les résultats suivants :

TABLEAU 2.2: l'état de mise à jour des SB appliqués par moteur

| Nombre de Moteurs | Etat de mise à jour de configuration en SB | | |
|---|---|---|---|
| | Complètement | Partiellement | Nullement |
| 74 | 25 | 37 | 12 |

Comme on peut le remarquer d'après le tableau récapitulatif (tableau 2.2), l'état de configuration en termes des SB des moteurs n'est pas mis à jour complètement sur la base de données, seulement 33% des moteurs connaissent une configuration maitrisée, alors que la configuration des SB de 50% d'entre eux n'a pas été mise à jour, elle a demeuré telle qu'elle était lors de l'acquisition du moteur, bien que le moteur a subi de nombreuses nouvelles modifications. Enfin, une portion de 16% sur la totalité des moteurs est inexistante dans la base de données.

Le graphe (figure 2.8) illustre l'état de configuration d'un échantillon de moteurs qui a été choisi de manière aléatoire. Le graphe présente une comparaison entre le nombre des SB saisis sur la base de données concernant chaque moteur et ceux existant en réalité sur le moteur. On constate donc que pour certains moteurs le nombre des SB notés est bien moins que ceux qui existe sur le moteur (ex : moteur 874234). On constate aussi qu'en dépit du fait que quelques moteurs ont une configuration à jour, (ex : moteur 875931) il existe des moteurs dont les SB implémentés n'ont radicalement pas été saisis sur la base de données (en l'occurrence le moteur 960165, 960305, etc...).

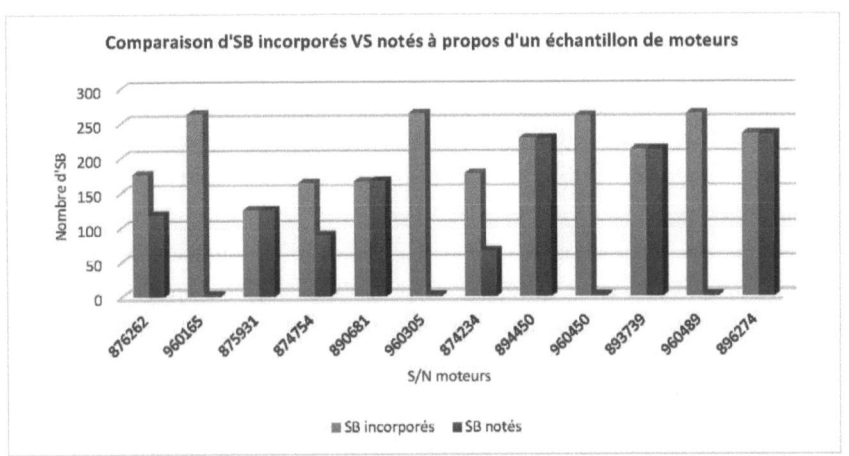

**FIGURE 2.8 : comparaison entre les SB incorporés et ceux inclus dans la base de données**

Le manque de maîtrise de la configuration de cet accessoire fait que le technicien suppose la configuration la plus probable qui est la 1ère. Il passe 15 minutes pour la recherche de la 1ère pièce. Si ensuite, il se rend compte qu'il a besoin de la 2$^{ème}$ pièce, il doit retourner au stock et rechercher la bonne pièce, ce qui lui prend 35 min de plus. Ensuite il passe à l'installation de la pièce qui dure 15 minutes. En cas de non présence de la 2$^{ème}$ pièce dans le stock, on doit la commander. Le délai de livraison varie entre une demi-journée et deux jours. Donc, au lieu de passer 30 minutes pour la réalisation de l'EO, le technicien passe au moins une heure et cinq minutes. Durée contrainte à s'être prolongée sur deux jours pour une simple installation de la pièce en question.

- **Manque de suivi des révisions des SB :**

Le processus ne manque pas seulement du suivi des SB mais aussi de leurs révisions. La révision d'un SB est une sorte de mise à jour qui peut changer son applicabilité et son champ d'action, c'est pourquoi il est indispensable de la prendre en considération. Le problème rencontré à ce niveau, c'est qu'une fois un SB est appliqué on ne fait plus le suivi de ses révisions et on le considère clos.

Parfois, le constructeur découvre après des recherches et études qu'il faut apporter des modifications au SB. Ces dernières, comme elles peuvent être très importantes, peuvent être insignifiantes pour les moteurs dans lesquels le SB a déjà été appliqué. On prend comme exemple le cas de SB qui concernent des inspections ou des changements d'accessoires de façon périodique. Il arrive parfois de changer la périodicité de la part du constructeur. Si le client n'étudie pas cette nouvelle révision, il risque de rencontrer des complications concernant l'accessoire en question. En effet, ce dernier sera exposé à une surcharge, sa fiabilité diminuera et ça peut causer des pannes de cet accessoire et donc des déposes non programmées du moteur, ce qui engendra peut être des retards ou même des annulations de vol.

Les constructeurs aéronautiques tels que Boeing, Airbus ou le motoriste CFM International (construction des réacteurs d'avions CFM56) suivent une démarche d'amélioration continue. Ils sont toujours en train de chercher des solutions aux problèmes rencontrés par les différentes compagnies aériennes et d'introduire des nouveaux accessoires plus fiables. ainsi, ils émettent en permanence des SB pour augmenter la performance de l'avion. Ces Services Bulletins sont aussi exposés à des révisions pour apporter des modifications qui peuvent être majeurs tels que :

- ✓ la modification des instructions de la réalisation du SB
- ✓ le changement de l'effectivité du Service Bulletin et donc de nouveaux moteurs peuvent s'ajouter à la liste des moteurs concernés par le SB.
- ✓ Le changement de matériel du Service Bulletin ce qui peut influencer le poids ou l'équilibre de l'avion et donc ça nécessite des travaux supplémentaires.
- ✓ Le changement de la périodicité d'inspection des accessoires nécessitant des inspections périodiques. Etc...

En dépit de l'importance de révisions des SB émis par CFM International, l'entité responsable de gestion des moteurs et APUs ne prête pas attention aux nouvelles révisions émises d'un SB spécifique une fois il est appliqué. Ce non suivi des révisions des SB peut se répercuter négativement sur la performance des moteurs.

En plus, les modifications de la nouvelle révision se font par rapport à celle qui la précède. En cas de non suivi des révisions de manière continue, on risque de rater des modifications importantes apportées par les révisions précédentes qui ont été supprimées une fois la dernière révision est apparue.

Pour calculer le taux de couverture des révisions des SB, nous avons commencé par le choix d'un échantillon nous permettant d'obtenir une estimation représentative des moteurs de la flotte RAM. Le choix de cet échantillon est fondé sur plusieurs critères dont la durée de vie du moteur, le modèle du moteur ainsi que le nombre de déposes. Ensuite, nous avons fait une comparaison entre les révisions des SB appliqués sur ces moteurs et les dernières révisions des mêmes SB émises par le constructeur.

Le tableau 2.3 présente le taux de révision pour chaque moteur de l'échantillon. Ce taux représente le pourcentage des Services Bulletins appliqués à la dernière révision sur l'ensemble des SB appliqués sur les différents moteurs de la flotte RAM.

En moyenne, plus de 16% des SB sont appliqués sous l'ancienne révision. Ce qui amène à un nombre de 30 Services Bulletins non révisés par moteur. Ces révisions peuvent avoir un impact très important sur les SB concernés, par suite une étude de ces derniers est fortement recommandée.

**TABLEAU 2.3: liste des taux de couverture de révision pour un échantillon de moteurs**

| Nomenclature du Moteur | Total des SB | Nombre des SB appliqués à la dernière révision | Taux de couverture |
|---|---|---|---|
| 876262 | 176 | 154 | 87.50% |
| 875724 | 172 | 152 | 88.37% |
| 875931 | 125 | 101 | 80.80% |
| 874754 | 157 | 134 | 85.35% |
| 877254 | 197 | 156 | 79.19% |
| 890683 | 161 | 138 | 85.71% |
| 890681 | 173 | 144 | 83.24% |
| 874242 | 126 | 95 | 75.40% |
| 876293 | 184 | 152 | 82.61% |
| 876265 | 192 | 153 | 79.69% |
| 892294 | 161 | 129 | 80.12% |
| 892806 | 206 | 183 | 88.83% |
| 960165 | 263 | 225 | 85.55% |
| 960485 | 262 | 232 | 88.55% |
| **Moyenne** | **182.50** | **153.43** | **83.64%** |

- **Manque d'exigences SB pour les nouveaux accessoires :**

Lors de l'achat ou l'échange standard d'accessoires, l'entité responsable d'approvisionnement en accessoires doit prendre en compte les exigences préconisées par l'entité ingénierie des moteurs concernant l'accessoire qu'on doit acheter ou échanger.

Le problème rencontré à ce stade-là, c'est qu'on ne dispose pas d'exigences en terme des SB pour les nouveaux accessoires et donc le souci qu'il y a en cas d'échange standard qui consiste, comme son nom l'indique, en l'échange d'un accessoire en panne contre un autre ayant une bonne performance, c'est que le nouvel accessoire peut manquer d'un nombre de SB figurant sur l'ancien. Donc, bien qu'il soit en marche, le nouvel accessoire peut avoir un standard moindre que l'ancien. Ce qui veut dire qu'a un certain moment on sera amené à appliquer les mêmes SB appliqués sur l'ancien accessoire mais cette fois sur le nouvel accessoire. Ce qui représente donc une perte de temps et d'argent considérables.

Le processus d'achat ou d'échange standard manque d'exigences, on ne prend pas le soin d'établir un standard de SB que le nouvel accessoire doit respecter. Ce processus affecte étroitement celui de traitement des services bulletins, du moment que les SB qui figurent sur les nouveaux accessoires peuvent différer de ceux de l'ancien. C'est la raison pour laquelle nous avons introduit ces étapes sur le processus étudié.

## 2.5. Conclusion :

Le but de ce chapitre c'est de bien comprendre le fonctionnement du processus de traitement des Services bulletins relatifs aux moteurs afin de faire sortir les défaillances majeurs de ce processus. Cette étape nous servira de base pour la propositions des améliorations au processus de traitement des Services bulletins tout en tenant en considération les caractéristiques du moteur d'avion, objet de notre projet de fin d'études.

# Chapitre 3

### 3. Amélioration du processus de traitement des Service Bulletins

Ce chapitre englobe les actions amélioratives qui se résument en deux parties majeures :
- Etablissement du minimum standard
- Mise à jour de la base de données de la configuration des moteurs en termes des SB.

# 3- Amélioration du processus de traitement des SB

## 3.1 Introduction

Pour répondre au besoin de la Royal Air Maroc et atteindre les objectifs visés par ce projet, nous allons, à travers ce chapitre, établir une configuration standard en termes des SB. Cette configuration standard nous servira d'exigences lors de l'achat de nouveaux accessoires. elle sera déterminée à partir de l'historique des retards de vol causés par ces accessoires. Ce standard nous permettra donc d'éviter les problèmes causant ces retards dans les nouveaux accessoires et augmenter ainsi la fiabilité de la flotte RAM. En ce qui concerne les modules internes du moteur, le minimum standard sera établi à partir de l'historique des déposes révélant les parties causant le plus de pannes et de déposes des moteurs. Ainsi, en appliquant ce minimum standard nous allons diminuer le nombre de déposes du moteur et donc augmenter la tenue de ce dernier sous l'aile afin de générer le plus de profit.

## 3.2 Elaboration du « minimum standard »

Comme déjà précisé, les SB sont des moyens très efficaces au profit de la maintenance des moteurs, c'est la raison pour laquelle nous devrions les étudier avec soin, et choisir ceux qui sont nécessaires pour flotte RAM. En effet, le constructeur CFM a sorti jusqu'à présent plus de 1300 SB relatifs aux moteurs. Cette liste des SB est mise à jour de manière continue, la mise à jour peut se manifester par de nouveaux SB qui s'ajoutent à la liste ou bien de nouvelles révisions ou annulations touchant des SB déjà existants. [5] [6]

Toutefois, la RAM n'est pas censée appliquer tous ces SB. Elle est censée incorporer ceux qui concernent les problèmes que ses moteurs rencontrent. Notre mission est de constituer cette liste recommandée, que nous avons nommé un « minimum standard ».

La construction du minimum standard se fait donc à la base de la connaissance exacte des défectuosités relatives aux moteurs que ca soit des pannes des accessoires externes aux moteurs ou bien des défectuosités se trouvant à l'intérieur du moteur. Pour ce qui suit, nous allons effectuer une étude des retards d'avions qui sont dues aux pannes des moteurs pour déterminer les accessoires critiques externes.

Pour ce qui est de l'intérieur du moteur, nous allons analyser les déposes moteurs afin de bien préciser les modules/sous modules critiques internes. Nous devrions par la suite choisir un critère de sélection pour mieux cibler les éléments qui feront objet d'une étude visant à améliorer leur fiabilité et ainsi pallier aux problèmes d'indisponibilité des avions Boeing 737 de la flotte RAM causés par une anomalie liée aux moteurs. Nous avons choisi comme critères la durée des retards en minute, le nombre des incidents techniques. Ainsi que la fréquence des déposes des moteurs.

### 3.2.1 Etude des retards d'avion :

Notre base de données contient les pannes liées aux moteurs des deux années 2012 et 2013 qui ont causé des retards de vols, ou des diversions (atterrissage dans l'aéroport le plus proche suite à un problème rencontré en vol) ou bien même *Air Turn Back* (ATB) ou *Ground Turn Back* (GTB), c'est-à-dire des demi-tours aériens ou terrestres pour annuler le vol car le problème a dû être découvert après démarrage du moteur et avancement de l'avion. Ces retards ne concernent que les accessoires externes du moteur car ce genre de réparations qui se font sur piste ne touchent généralement que l'extérieur du moteur et pas son intérieur.

Le critère de la durée des retards concerne la période totale qui a servi pour réparer l'anomalie liée au moteur qui a suscité des interventions de la maintenance juste avant que l'avion effectue son décollage. Les retards sont intolérables pour une compagnie aérienne, plusieurs facteurs justifient ce point notamment l'image de marque de l'entreprise et sa crédibilité aux yeux de ses clients.

Le critère de diversion veut dire, la déviation de la trajectoire de l'avion pour regagner l'aéroport le plus proche après une découverte de panne en plein vol pour éviter que ça s'aggrave. Ceci pour assurer la sécurité des passagers.

A chaque fois qu'il y a une anomalie remarquée par le pilote qui empêche le vol d'avoir lieu à son temps programmé, il en fait signe au mécanicien, qui doit s'assurer de sa gravité pour la résoudre sur place le plus vite possible en réparant l'accessoire responsable de l'anomalie ou bien en le remplaçant par un autre. Parfois on se trouve obligé de passer le moteur à l'atelier de réparation et ainsi déplacer les passagers vers un autre avion.

Le tableau ci-dessus nous présente la répartition des retards des avions dus aux pannes des moteurs durant les deux années 2012 et 2013. Cette répartition est faite par accessoire responsable des pannes du moteur d'avion

**TABLEAU 3.1: liste des accessoires causant les retards avion**

| Accessoire/Panne | Nombre de retards | Durée des retards (min) | diversion | FC | GTB/ATB |
|---|---|---|---|---|---|
| Fuel leak | 21 | 850 | 0 | 0 | 0 |
| Start valve | 17 | 2073 | 0 | 0 | 0 |
| Igniter | 9 | 506 | 0 | 0 | 1 |
| Diff Pressure switch | 8 | 666 | 0 | 0 | 1 |
| EEC | 6 | 427 | 0 | 2 | 1 |
| Fuel Pump | 6 | 315 | 1 | 0 | 0 |
| Starter | 1 | 574 | 0 | 3 | 0 |
| HMU | 5 | 229 | 1 | 1 | 0 |
| TBV | 2 | 242 | 0 | 0 | 0 |
| Other | 7 | 528 | 0 | 0 | 0 |
| Oil leak | 7 | 182 | 0 | 0 | 0 |
| Fuel filter | 2 | 161 | 0 | 0 | 0 |
| Magnetic seal | 3 | 153 | 0 | 0 | 0 |
| Start switch | 2 | 40 | 0 | 0 | 0 |
| EGT diff | 1 | 26 | 0 | 0 | 0 |
| HPTACC valve | 1 | 52 | 0 | 0 | 0 |

La figure 3.1 permet d'éclaircir la répartition des retards par accessoire, On constate que quelques accessoires/pannes tels que « Start Valve » et « differential pressure switch » représentent des pourcentages importants en terme de durée des retards alors que d'autres ne dépassent pas 1% tels que « fuel filter »et « start switch ».

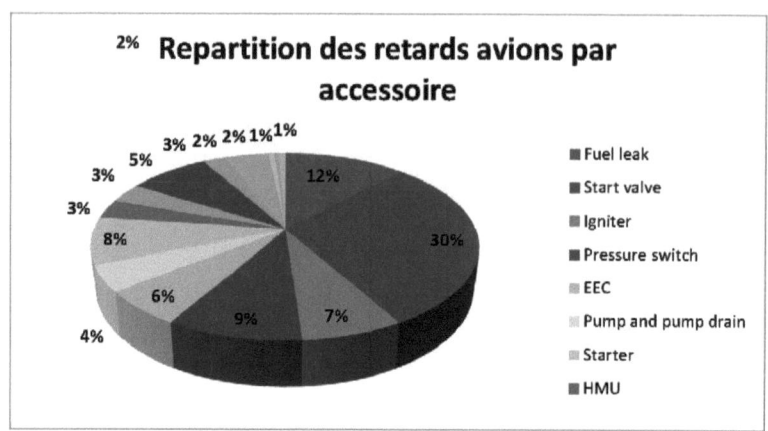

**FIGURE 3.1 : répartition des retards avions par accessoires**

Une fois les accessoires causant les retards sont déterminés, nous allons passer au calcul de criticité de chaque accessoire en se basant sur le nombre de retards causés par ce dernier ainsi que les durées de ces retards et les incidents techniques qui en résultent.

**TABLEAU 3.2 : liste des accessoires avec leur criticité**

| Accessoire/Panne | Nombre de retards | Fréquence | Durée des retards (min) | diversion | FC | GTB/ATB | Gravité | Criticité |
|---|---|---|---|---|---|---|---|---|
| Fuel leak | 21 | 5 | 850 | 0 | 0 | 0 | 5 | 25 |
| Start valve | 17 | 4 | 2073 | 0 | 0 | 0 | 6 | 24 |
| Igniter | 9 | 2 | 506 | 0 | 0 | 1 | 3 | 6 |
| Diff Pressure switch | 8 | 2 | 666 | 0 | 0 | 1 | 4 | 8 |
| EEC | 6 | 2 | 427 | 0 | 2 | 1 | 4 | 8 |
| Fuel Pump | 6 | 2 | 315 | 1 | 0 | 0 | 3 | 6 |
| Starter | 1 | 1 | 574 | 0 | 3 | 0 | 5 | 5 |
| HMU | 5 | 1 | 229 | 1 | 1 | 0 | 3 | 3 |
| TBV | 2 | 1 | 242 | 0 | 0 | 0 | 2 | 2 |
| Other | 7 | 2 | 528 | 0 | 0 | 0 | 1 | 2 |
| Oil leak | 7 | 2 | 182 | 0 | 0 | 0 | 1 | 1 |
| Fuel filter | 2 | 1 | 161 | 0 | 0 | 0 | 1 | 1 |
| Magnetic seal | 3 | 1 | 153 | 0 | 0 | 0 | 1 | 1 |
| Start switch | 2 | 1 | 40 | 0 | 0 | 0 | 1 | 1 |
| EGT diff | 1 | 1 | 26 | 0 | 0 | 0 | 1 | 1 |
| HPTACC valve | 1 | 1 | 52 | 0 | 0 | 0 | 5 | 5 |

Pour la détermination de la criticité de chaque accessoire nous sommes basé sur les échelles présentées dans les deux tableaux 3.3 et 3.4:

**TABLEAU 3.3 : les niveaux d'échelle de fréquence des retards**

| Niveau d'echelle | signification | Intervalle du niveau ( sur 2 an ) |
|---|---|---|
| 1 | Improbable | Nombre des retards moins de 5. |
| 2 | Occasionnel | Nombre des retards entre 6 et 10. |
| 3 | Intermittent | Nombre des retards entre 11 et 15. |
| 4 | Fréquent | Entre 16 et 20 |
| 5 | Tres fréquent | Entre 21 et 25 |
| 6 | Inevitable | Plus de 26 retard |

Pour ce qui concerne la gravité, elle est une combinaison entre la gravité du problème causé par la durée de retard totale générée ainsi que les incidents techniques engendrés par l'accessoire en question. En effet, en ce qui concerne les incidents techniques, La diversion est la plus grave parce qu'elle engendre le plus de perte financière, et demande le déplacement de toute une équipe à l'étranger avec les équipements nécessaires pour la résolution du problème engendré .En 2ème lieu, on trouve l'annulation de vol et puis « Air/Groud turn back ». Ensuite vient les retards qui sont les moins graves. Le tableau 3.4 résume six niveaux de gravité que nous avons choisi:

**TABLEAU 3.4 : niveaux d'échelle de gravité des retards**

| Niveau d'echelle | signification | Intervalle du niveau (sur 2 ans) |
|---|---|---|
| 1 | négligeable | Pas d'incident technique avec une durée de retard < 200 min |
| 2 | Mineur | Un retard plus au moins durée de 200 min |
| 3 | significatif | Un retard > 400 min avec un incident technique ( QRF sol/vol..) |
| 4 | Grave | Retard > 400 min avec une Annulation de vol |
| 5 | critique | Retard > 600min avec Diversion de vol |
| 6 | catastrophique | Retard >600 min avec une diversion et une annulation den vol |

Nous considérons donc les accessoires ayant une criticité supérieure à 5 sont ceux les plus critiques et qui demandent une étude spécifique pour pouvoir améliorer leur fiabilité. Ces accessoires critiques présentent 81% des retards qui sont dues aux pannes des moteurs.

Pour récapituler, les accessoires/pannes externes critiques sont :
- ✓ Calculateur (EEC)
- ✓ *Start valve*
- ✓ Démarreur (starter)
- ✓ Unité hydromécanique (HMU)

- ✓ Fuite de carburant (fuel leak)
- ✓ Pompe à carburant (fuel pump)
- ✓ Système d'allumage (Ignition system)
- ✓ *Differentiel pressure switch.*
- ✓ *HPTACC*

### 3.2.2 Cartographie des accessoires critiques :

Après la détermination des retards avions, ainsi que les incidents techniques causés par les moteurs, nous avons développé une cartographie dynamique des retards et incidents techniques. La mise à jour de cette dernière est automatique, il suffit de faire entrer l'accessoire avec le nombre de retards ainsi que les incidents techniques causés par ce dernier, et donc sa fréquence, sa gravité ainsi que sa criticité sont calculées de façon automatique. Il suffit de cliquer sur le bouton pour obtenir la position de l'accessoire en question dans la cartographie.

| | Negligeable | mineur | Significatif | Grave | Critique | Catastrophique |
|---|---|---|---|---|---|---|
| Improbable | \| Start switch \| EGT \| diff \| | \| Fan blades \| Fuel filter \| | \| TBV | | \|HMU \|HPTACC | \| Starter |
| Ocasionnel | | \| Oil leak | \| Other | | \| EEC \| Pump and pump drain | \| Igniter \| Diff Pressure switch |
| Intermittent | | | | | | |
| Frequent | | | | | \| Start valve | |
| Tres frequent | | | | | | \| Fuel leak |
| Inevitable | | | | | | |
| | | | Cartographie des retards | | | |

**FIGURE 3.2 :cartographie des retards des avions dus aux pannes moteurs**

La sélection des nouveaux Services Bulletins se fera donc en se basant non seulement sur les recommandations de Boeing, CFM ainsi que la politiques RAM mais aussi sur la cartographie des retards pour les accessoires externes.

### 3.2.3 Minimum standard d'accessoires externes :

Ce minimum standard pour les accessoires externes servira d'exigences pour l'entité responsable de l'achat et l'échange standard des accessoires. La liste doit être incorporée dans le système d'information utilisé dans les opérations de maintenance de la RAM (nommé système Merlin) et consultée à l'occasion de chaque nouveau achat, cela permettra de garder le même standard d'un accessoire donné dans tous les moteurs et donc maîtriser la configuration de cet accessoire.

- **Electronic Engine Control :**

Lors de la détection d'une anomalie, l'*EEC* la présente sous forme d'un message d'erreur avec un code bien spécifique. Chaque code traduit un problème spécifique et s'écrit sous la forme suivante :

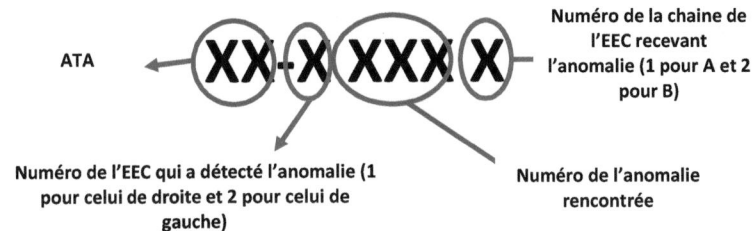

Parfois, l'*EEC* présente des erreurs qui sont dues à des pannes internes comme le 73-10111 ou 73-10211. Dans le cas ou le pilote détecte un message pareil, il fait appel au mécanicien qui peut même remplacer l'*EEC* défaillant par un autre.

Le problème rencontré dans l'*EEC* c'est l'oxydation de la carte électronique, ce qui cause le gonflement de quelques parties et donc le décollement du ruban et la séparation des composants existants dans ces parties. Ce qui cause la perturbation des signaux entrants à l'*EEC* et se traduit par une faute interne de l'EEC.

Parmi les problèmes externes rencontrés concernant l'*EEC* c'est l'endommagement des connecteurs qui assurent sa liaison avec les autres parties du moteur. Le connecteur ayant le plus de défaillances c'est le PS3 line, c'est celui qui relie le *EEC* avec le compresseur à haute pression et qui renvoie au *EEC* la température de sortie du HPC. Si ce connecteur est défaillant, l'avion ne peut pas décoller.
Lors de la séance de lavage du moteur, ce câble est débranché de l'EEC pour éviter l'accès de l'eau à l'intérieur de l'EEC. Donc une fois le lavage est terminé on souffle dans le câble pour s'assurer qu'il n'y pas d'eau restant à l'intérieur du câble qui peut passer à l'EEC et on le rebranche. La défaillance de

ce câble est due à sa mauvaise installation. La lettre de service 737 SL-80-15 traite justement ce problème là et propose des solutions.

Le tableau II.1 en annexe présente les différents Services Bulletins résolvant les problèmes cités ci-dessus dans le but de réduire le nombre de déposes de l'*EEC*, minimiser les défauts internes et augmenter sa performance. Chaque SB sélectionné est caractérisé par son numéro, sa révision, sa catégorie ainsi que les nomenclatures des accessoires concernés, sa description, la cause de son application ainsi que son mode d'application (in shop : c'est-à-dire quand le *EEC* est déposé pour effectuer des réparations dans le shop, ou on Wing : c'est quand les réparations se font lorsqu' il est sur avion, il s'agit d'inspections ou de petites modifications sans ouvrir le *EEC*.) . Les solutions proposées nous permettrons de résoudre les problèmes menant au remplacement de l'EEC et générant des retards.

**TABLEAU 3.5 : Extrait de la liste des SB sélectionnés pour le EEC**

| SB number | Rev | cat | Accessoire | Description | Cause | In shop | On wing |
|---|---|---|---|---|---|---|---|
| 73-0173 | 0 | 5 | FADEC2 ECU | Procedures to do a visual inspection of the input output module (IOM) for unwanted bonding material on the printed wiring board. | It was found that the unwanted bonding material around the flyback transformers caused solder joint fatigue at 2 ohm torque motor or solenoid sense resistors | X | |
| 75-0005 | 0 | 2 | PS3 line fittings | inspection of PS3 line fittings for correct torque | Lack of correct torque during manufacture is suspected to be the cause of air leakage. | | X |

- **Start valve :**

Le système de démarrage est constitué de la *Start valve*, deux conduites d'air inférieur et supérieur et le démarreur. Le rôle principal de cet accessoire c'est le contrôle de l'alimentation pneumatique du démarreur. Une fois la *Start valve* reçoit le signal électrique du poste, elle s'ouvre automatiquement permettant l'accès de l'air au démarreur. La *Start valve* est très fiable. Elle fonctionne sans aucune défaillance jusqu'un potentiel de 20 000 heures à 30 000 heures de vols depuis son installation. Une fois remplacée, les pannes commencent à apparaitre à un potentiel très bas (environ 4000 heures). La plupart de ces pannes sont dues à une mauvaise installation de cet accessoire.

Le problème qu'on rencontre souvent c'est la non ou la semi ouverture de cet accessoire causée par un over-torquage( serrage excessif) des deux colliers attaches, ce qui empêche le fonctionnement normal du démarreur. Suite à ce problème, on fait appel au mécanicien au sol qui ouvre manuellement la *Start valve* pour permettre l'alimentation pneumatique du démarreur.

Une autre panne qu'on rencontre pas mal de fois c'est la non fermeture automatique de la *Start valve* après le démarrage du moteur pour la même raison citée ci-dessus. Ce problème est résolu par l'intervention du mécanicien. Ces problèmes présentent un nombre important de retards avec une durée qui dépasse 13% de la durée totale des retards d'avions ce qui est équivaut à une durée de 2073 min dans une période de deux ans, soit un retard de 4min par jour en moyenne. Ces retards causent à la Royal Air Maroc une perte d'à peu près $121 000 dans une seule année.

Le constructeur n'a émis aucune amélioration concernant cet accessoire. La seule chose provenant du constructeur c'est l'instauration d'un *soft time* concernant son remplacement après un certain nombre d'heures de vol. La *Start valve* ne représente de pannes qu'après sa réinstallation programmée.

Ces problèmes sont dus au mauvais torquage ou mauvaise insertion de la *Start valve*. Pour éviter ce problème il est impératif de responsabiliser les mécaniciens de l'effet de la mauvaise installation de la Start valve et suivre la procédure préconisée par l'AMM durant l'installation des *couplings* de la nouvelle *Start Valve*.

- **Démarreur (Starter) :**

Le démarreur présente un nombre important d'anomalies, il est responsable de la majorité des problèmes de démarrage du moteur et cause à lui seul à peu près 12% des retards d'avions soit une moyenne de 23 min par mois et 3 annulations de vol ce qui engendre une perte de $150 967 par 2 ans, le tableau ci-dessous présente les Services Bulletins traitant les différents problèmes dus au démarreur afin de minimiser les problèmes de démarrage et augmenter la fiabilité des démarreurs.

La fuite d'huile dans les démarreurs est parmi les raisons majeurs de ces retards.

TABLEAU 3.6 : Extrait de la liste des SB sélectionnés pour le Starter

| SB number | R | C | Accessories concerned | Description | cause | S | W |
|---|---|---|---|---|---|---|---|
| 80-0013 | 1 | 7 | Air Turbine Starter VIN 3505945-9 (P/N 1851M36P09) and VIN 3505945-10 (P/N | This SB recommends to inspect and/or replace the Air Turbine Starter Decoupler assembly | Over time, the aluminum threads on the decoupler shaft may become worn, causing the nut to become | X | X |

| | | | 1851M36P10) | VIN 3504835-1 on wing. | loose. When decoupled, this results in a no engine start condition. | | |
|---|---|---|---|---|---|---|---|
| 80-0015 | 0 | 2 | Air Turbine Starter VIN 3505945-9 (1851M36P09) and VIN 3505945-10 (1851M36P10) | Return Suspect ATS, P/N 3505945-10, for Inspection to make sure that they were correctly built. | Investigation has shown that some ATS units could have been built improperly which can lead to wear on internal metal surfaces of the ATS | X | X |

- **HMU :**

Durant les deux dernières années, Les pannes de l'unité hydromécanique ont causé 5 retards, une annulation de vol, *Ground Turn Back* et une diversion de vol. Les retards et incidents techniques liés à cet accessoire ont engendré une perte financière de $108 717 dans les deux dernières années. Ce qui montre l'importance qui devrait être accordée à cet accessoire.

Les principales pannes qui sont dues à l'unité hydromécanique concernent des mauvaises positions d'ouverture ou fermeture des vérins, citons entre autres :

- Les HPTACC (resp. LPTACC) : Le message ''HPTACC (respectivement LPTACC) position signal out of limit'' affiché sur le EEC est un message « No go » dont la principale cause est la défaillance interne du HMU. Le problème révélé par ce message peut endommager les abradables de la HPT(respectiv LPT) causant une perte d'un million de dollars (resp. demi-million de dollars).
- TBV position signal, ces deux panes doivent être traitées sur le champ pour éviter l'arrêt machine.
- FMV (Flow Modulation Valve), cette panne est toujours due à un problème interne de l'unité hydromécanique.

Dans 90% des cas, La cause principale de ces pannes est un défaut interne de l'unité hydromécanique. Le tableau ci-dessous contient 2 exemples des Services bulletins étudiés et sélectionnés dans le cadre de réduction du risque de fuites de carburant lors du démarrage du moteur et l'augmentation de la fiabilité des pièces se trouvant à l'intérieur de l'unité hydromécanique.

TABLEAU 3.7 : Extrait de la liste des SB sélectionnés pour le HMU

| SB number | R | C | Accessories concerned | Description | Cause | S | W |
|---|---|---|---|---|---|---|---|

| | R | C | Accessories | Description | Cause | S | W |
|---|---|---|---|---|---|---|---|
| 73-0172 | 1 | 7 | HMU P/N 1853M56P11 ,P/N 1853M56P12 ,P/N 1853M56P13 and P/N 1853M56P14 | introduction of an improved fuel metering valve (FMV) resolver assy for the HMU | FMV resolver magnet wire corrosion. | X | |
| 73-0188 | 0 | 7 | HMU P/N 1853M56P07, 1853M56P08, 1853M56P09, P/N 1853M56P10, P/N 1853M56P11, P/N 1853M56P12 ,P/N 1853M56P13 &P/N 1853M56P14. | instructions to upgrade the HMU with TBV EHSV to a configuration with modified second stage spool valve sleeves. | As a result of fuel leakage into a trapped volume within the second stage sleeve assembly, the spool valve can intermittently bind at elevated operating temperatures. | X | |

- **Fuite de carburant (Fuel leak) :**

La fuite du carburant est la cause engendrant le plus de retards d'avions. Avant que l'avion décolle, si on constate qu'il y'a une fuite de carburant, il faut mesurer le nombre de gouttes par minutes. Si le nombre est tolérable, on laisse partir l'avion.

En cherchant dans l'historique des fuites de carburant, nous avons constaté que les accessoires dans lesquelles on trouve le plus de fuites sont les échangeurs de chaleurs ainsi que le *fuel nozzle supply tube No. 7*. Pour remédier à ces fuites, nous avons sélectionné quatre SB dont le premier concerne une inspection du *fuel nozzle supply tube No.* 7 et le 2ème introduit un nouvel échangeur plus étanche.

**TABLEAU 3.8 : Extrait de la liste des SB sélectionnés pour la fuite de carburant**

| SB number | R | C | Accessories concerned | Description | Cause | S | W |
|---|---|---|---|---|---|---|---|
| 72-0876 | 0 | 2 | Both configurations of fuel manifold, single ring and dual ring, are affected by this SB. | instructions for one time inspection of fuel nozzle supply tube No. 7 for close clearance or possible chafing with the aft attaching double hexagon head machine bolt of HPT clearance control air duct bracket. | chafing on the fuel nozzle supply tube No. 7 have been observed in the CFM56-7B fleet. Under some conditions, close clearance can result in extensive chafing on the fuel nozzle supply tube No. 7 which can cause fuel leaks. | X | X |
| 79-0023 | 1 | 3 | Oil/Fuel Heat Exchanger VIN 11-841193-3 (301-780-703-0) | introduction of a new Main Oil/Fuel Heat Exchanger. | Oil\fuel heat exchanger was found leaking during maintenance operation. | X | X |

- **Pompe à carburant (Fuel pump) :**

Les pompes existantes dans les avions de la RAM sont exposées la plupart du temps à des fuites de carburant à cause de la mauvaise conception de leur couvercle qui se fatigue rapidement et donne lieu à des fuites de carburant. Les nouveaux couvercles introduits par le SB 73-0118 sont plus résistants à la température et donc ont une durée de vie plus longue avec un nouveau design améliorant l'étanchéité.

**TABLEAU 3.9 : Extrait de la liste des SB sélectionnés pour la pompe à carburant**

| SB number | R | C | Accessories concerned | Description | Cause | S | W |
|---|---|---|---|---|---|---|---|
| 73-0118 | 1 | 3 | The Main fuel pumps VIN: 828300-3 (PN: 340-402-103-0), and VIN: 828300-4 (PN: 340-402-104-0) | Introduction of a New Fuel Pump with a New Cover | There is evidence of low cycle fatigue cracking in the pump cover | X | |

- **Système d'allumage (Ignition system) :**

Le système d'allumage est composé d'un exciter, un câble et une bougie. Il alimente la chambre de combustion en étincelles électriques émises par l'allumeur. Chaque moteur comporte deux systèmes d'allumage qui fonctionnent indépendamment. Habituellement, ces systèmes d'allumage fonctionnent manuellement. L'allumeur est responsable à lui seul de plus de 500 min de retard d'avion dans les deux dernières années malgré le remplacement des allumeurs toutes les 1000 heures de vol.

Pour réduire les échecs d'allumage, le fournisseur propose de nouveaux accessoires plus fiables : une nouvelle bougie permettant la réduction de la température de démarrage du moteur et un nouvel exciter d'allumage plus résistant à la corrosion.

**TABLEAU 3.10 : Extrait de la liste des SB sélectionnés pour le Système d'allumage**

| SB number | R | C | Accessories concerned | Description | Cause | S | W |
|---|---|---|---|---|---|---|---|
| 74-0002 | 0 | 7 | main igniter plug VIN 9044035-1 (GE 1374M12P01) | new unison ignitor plug VIN 9072215-1 (GE 1374M12P10) | Early ignition lead feature is due partially to the high operating temperature. This new plug reduces this temperature. | X | X |
| 74-0003 | 0 | 2 | ignition exciter VIN 10-631045-2 (P/N 9238M66P08) | Instructions for the return of identified suspect ignition exciters | A number of ignition exciters P/N 9238M66P08 were shipped with suspect discrepant diodes. Improper operation of these diodes can prevent the exciter's storage capacitor from charging and cause the exciter to stop functioning. | X | |

- **HPTACC :**

Une panne dans cet accessoire peut causer des dommages majeurs à l'intérieur du moteur. Le tableau ci-dessus présente les SB traitant les pannes de cet accessoire :

**TABLEAU 3.11 : Extrait de la liste des SB sélectionnés pour HPTACC**

| SB number | R | C | Accessories concerned | Description | Cause | S | W |
|---|---|---|---|---|---|---|---|
| 72-0705 | 1 | 7 | Machine double hexagon head bolt P/N AS3237-12 | changes to the bolts that are used to install the flange in the fuel manifold to the HPTACC valve interface. | The current bolt length has resulted in assembly gaps between the bolt head and the outer surface of the fuel manifold flange Because of the Design error resulted in an incorrect stack-up length for the joint. | X | X |
| 75-0036 | 0 | 7 | HPTACC valves 1821M59P05 & 1821M59P06 | Instructions to rework HPTACC valves, PN 3291186-5 and PN 3291186-6 to reduce fuel leakage. | Fuel leakage from HPTCC valve has been a leading cause of valve removals, resulting in aircraft delays and cancellations | X | |

- **Differential Pressure Switch :**

Le rôle de cet accessoire est de mesurer la différence de pression entre l'entrée et la sortie du filtre de carburant. Les résultats sont envoyés à l'EEC pour les traiter. Si ce dernier révèle qu'il y'a une panne dans le *Differenctial pressure Switch*, l'avion ne peut décoller.

Le SB 73-192 recommande de remplacer cet accessoire chaque 15 000 heure de vol. Ce SB a été émis pour remplacer un autre SB qui concernait l'inspection de ces accessoires et si on constate des problèmes, chose qui est vrai la plupart du temps, on les change.

**TABLEAU 3.12 : Extrait de la liste des SB sélectionnés pour le DPS**

| SB num | R | C | Accessories concerned | Description | Cause | S | W |
|---|---|---|---|---|---|---|---|
| 73-0190 | 1 | 2 | Fuel Differential Pressure Switch VIN JA05276A (340-407-001-0) | CFM recommends to reinstall a switch VIN QA07995 | The issues encountered in service on the recent Fuel DPS VIN JA05276A (340-407-001-0) are being investigated. | X | X |
| 73-0192 | 0 | 2 | Fuel DPS VIN QA07670 (340-402-701-0) or VIN QA07985 (340-402-704-0) or VIN QA07995 (340-402-706-0) | recommended removal time for the Fuel DPS | faulty switch are due to internal organic pollution. The introduction of a recommended removal time will address the engine operational disruptions due to aged fuel DPS. | X | X |

### 3.2.4 Etude des déposes des moteurs :

Après avoir déterminé les éléments critiques externes au moteur nous allons passer à ce qui est interne.

Puisque les retards ne révèlent pas la criticité des parties internes du moteur, nous allons attaquer l'historique des déposes de ce dernier. Dans cet historique on retrouve les dates des déposes avec leurs raisons ainsi que les actions entretenues.

Le critère utilisé dans cette partie est la fréquence de dépose du moteur, c'est le nombre de fois que le moteur a été déposé pour la réparation d'un module ou sous module bien spécifique. Nous résumons les résultats de l'étude de l'historique dans le tableau III.3 en annexe, ce dernier contient les différentes déposes des moteurs de la flotte RAM sur une durée de 10 ans. Ces déposes sont dues à des pannes qui requièrent un traitement approfondi du moteur, ce qui implique son démontage de l'avion et son déplacement vers le magasin de réparation, au contraire des opérations *on wing* qui se font sur avion.

Certes il existe quelques moteurs qui ne sont pas encore déposés depuis leur achat, ce sont généralement de nouveaux moteurs qui ne présentent pas encore de majeures anomalies. Mais quoique le nombre de déposes ne soit pas important; il s'avère que les frais dépensés dans une dépose sont gigantesques, à savoir les coûts de la logistique, les opérations maintenance trop coûteuses, les pièces de rechange extrêmement chères ainsi que les pertes en termes de retards ou d'annulations de vols.

**Echelles de mesure :**
Les échelles que nous avons choisit sont présentés dans les deux tableaux suivants :

TABLEAU 3.13 : Niveaux d'occurrence des modules/ sous-modules

| Niveau d'échelle | signification | Intervalle du niveau |
|---|---|---|
| 1 | Improbable | une seule ou deux déposes maximum par 10 ans. |
| 2 | Ocasionnel | trois à quatre déposes par 10 ans |
| 3 | Intermittent | Entre cinq et six déposes par 10 ans. |
| 4 | Fréquent | Entre sept et huit déposes par 10 ans |
| 5 | Trés fréquent | Entre neuf et dix déposes par 10 ans |
| 6 | Inévitable | plus de 11 déposes |

La gravité du sous module est fonction du nombre de défaillances détectées dans le sous module lors d'un dépose moteur :

TABLEAU 3.14 : niveau de gravité des modules/ sous-modules

| Niveau d'échelle | signification | Intervalle du niveau |
|---|---|---|
| 1 | negligeable | Moins de 3 défaillances |
| 2 | Mineur | 4 ou 5 défaillances |
| 3 | significatif | 6 ou 7 défaillances |

| 4 | Grave | 8 ou 9 défaillances |
|---|---|---|
| 5 | critique | Entre 10 et 12 défaillances |
| 6 | catastrophique | Plus de 13 défaillances |

En plus des raisons des déposes, nous avons traité les données concernant les différentes découvertes qu'on fait lors des déposes. En fait, après la dépose moteur, on constate qu'il y'a d'autres défaillances en plus de la raison de dépose qu'elle soit programmée ou non.

Le tableau 3.13 résume les résultats de ces découvertes en termes de nombre de défaillances détectées lors de la dépose par module/ sous module :

**TABLEAU 3.15 : nombre de déposes moteur par module/sous module**

| Module/ sous module | Nombre de défaillances détectées |
|---|---|
| HPC bushings | 14 |
| HPC blades | 13 |
| HPT nozzles | 7 |
| AGB | 5 |
| C.C | 8 |
| fan frame | 7 |
| HPT blades | 13 |
| Stage LPT nozzles | 4 |
| human error | 2 |
| FOD | 0 |
| oil leak | 6 |

Lors de notre étude, nous n'allons pas considérer les pannes qui sont hors de contrôle de l'équipe de gestion des moteurs, ces pannes sont:

- ✓ FOD (foreign Object damage): cela veut dire une pénétration d'un corps étranger au niveau de l'entrée du moteur et qui peut provoquer des dommages significatifs au niveau des ailettes primaires du FAN ou celles du compresseurs qui viennent après. le corps étranger est généralement un oiseau. C'est pourquoi dans ce genre de panne, la RAM n'applique pas de barrière de prévention, car ce genre de panne n'est pas très récurrent mais aussi inévitable. C'est pourquoi nous n'allons pas le prendre en considération.

✓ L'erreur humaine (human error) ne sera pas prise en compte non plus parce que ce genre de pannes est très rare et inévitable aussi : imperfection de la race humaine.

Le tableau 3.14 présente les différents accessoires responsables des déposes, ainsi que le nombre de déposes non programmées qui lui sont affectées, l'occurrence, la gravité des problème de dépose ainsi que la criticité:

**TABLEAU 3.16 : criticité des modules/sous-modules du moteur**

| Module/ sous module | Nombre de déposes | Occurrence | Nombre de défaillances détectées | Gravité |
|---|---|---|---|---|
| HPC bushings | 21 | 5 | 14 | 6 |
| HPC blades | 6 | 3 | 13 | 6 |
| HPT nozzles | 2 | 2 | 8 | 4 |
| AGB | 5 | 3 | 6 | 3 |
| C.C | 1 | 1 | 8 | 4 |
| fan frame | 1 | 1 | 7 | 3 |
| HPT blades | 2 | 1 | 13 | 6 |
| Stage LPT nozzles | 1 | 1 | 4 | 2 |
| human error | 4 | 2 | 2 | 1 |
| FOD | 2 | 1 | 0 | 1 |
| oil leak | 8 | 3 | 3 | 1 |

Nous remarquons à travers le tableau concernant les déposes que ces dernières touchent à différents modules/sous modules du moteur, voire la majorité d'eux. En se basant sur ces résultats, nous avons pu fixer ainsi les parties internes du moteur sur lesquelles nous allons nous focaliser, qui sont les suivantes :

MM01: Fan Major Module
- SM 23: Fan frame
- SM 63: AGB

MM02: Core Engine
- SM 42: Combustion Chamber
- SM 31&32: HPC blades / Bushings
- SM 51&52: HPT (blades / Nozzles)

MM03: LPT
- SM 54 & 56: LPT frame / nozzles

Nous récapitulons les accessoires critiques et nous les représentons dans le schéma suivant. Ils sont répartis par ATA, qui est un répartitions conventionnelle des partie de l'avion, où le moteur avec ses accessoires occupent les ATA 70 à 80. C'est une répartition adopté même dans le listing des SB livré par le constructeur. Voir la figure 3.3.

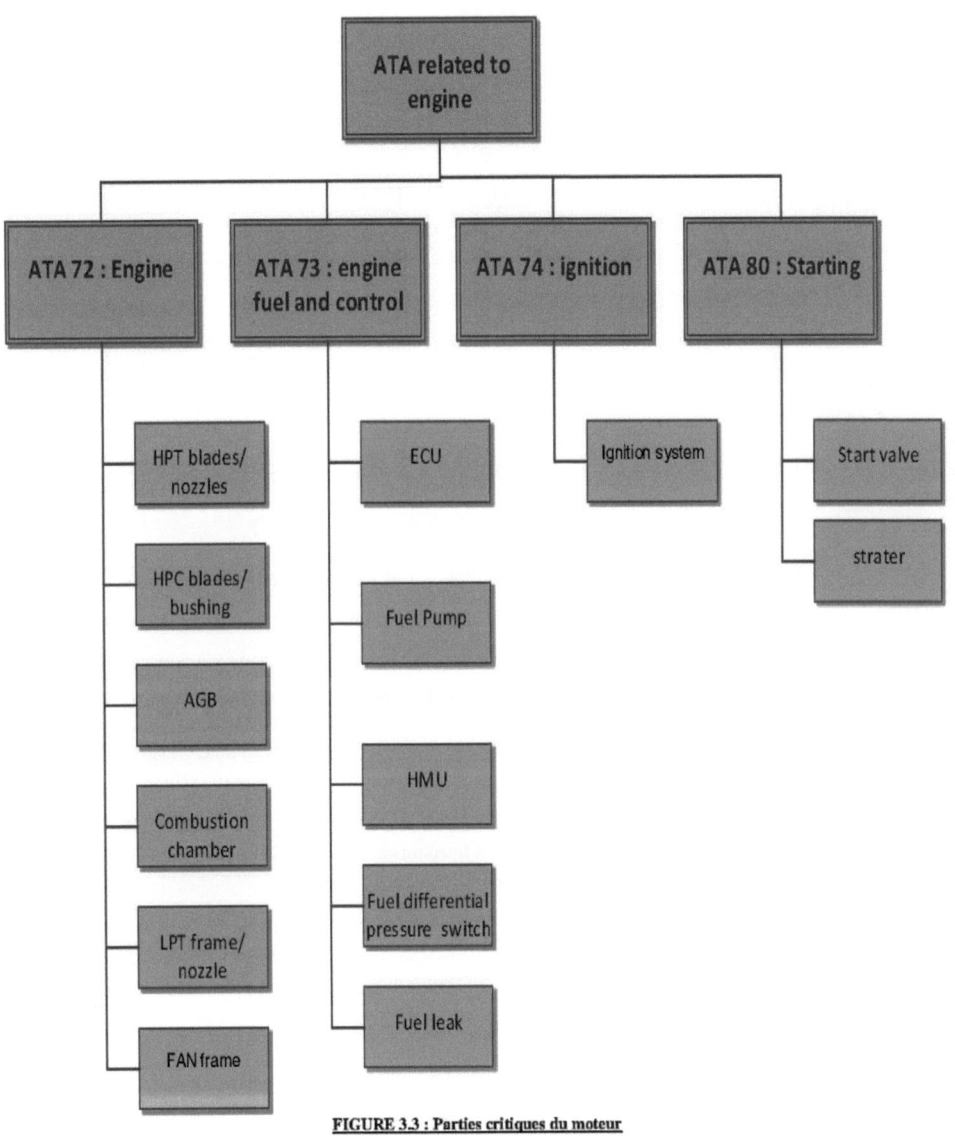

**FIGURE 3.3 : Parties critiques du moteur**

### 3.2.5 Minimum standard des modules du moteur :

Le moteur est composé de 5 sections majeures :
- ✓ Fan & booster
- ✓ HPC
- ✓ C.C
- ✓ HPT
- ✓ LPT
- ✓ Accessories drive

Dans ce qui suit, nous allons présenter chaque module avec les différents problèmes qui y existent et les solutions proposées :

- **Fan & Booster:**

Le module Fan & Booster est un compresseur à 4 étages. Il a pour rôle d'augmenter la pression d'air aspiré par les Fan Blades avant de passer par le HPC. L'air aspiré par le Fan est divisé en deus débits :

Débits d'air primaire : La pression de ce débit d'air est augmentée par le Booster avant de passer à l'intérieur du corps du moteur (HPC ; Chambre de Combustion et HPT) . Ce débit d'air génère aux environs de 20 pour cent de la poussée du moteur.

Débits d'air secondaire : Ce débit passe par le conduit du Fan (Fan Duct) et fournit environ 80 pour cent de la poussée du moteur

- **Fan frame :**

Les Services Bulletins sélectionnés ont pour but la réduction de la fatigue thermique et l'augmentation de la durée de vie de *Fan Frame* en introduisant de nouvelles pièces plus résistantes.

**TABLEAU 3.17 : SB sélectionnés pour le fan frame**

| SB num | R | C | Accessories concerned | Description | Cause | S | W |
|---|---|---|---|---|---|---|---|
| 72-0495 | 4 | 7 | old fan frame shroud 340-059-918-0, 340-059-921-0 | instructions to rework and reidentify the fan frame shroud | Fan frame shroud cracks | X | X |
| 72-0512 | 2 | 7 | the old fan frame shroud 340-059-921-0 | introduction and spare, parts availability of fan frame shroud 340-059-929-0 with new IDG air/oil cooler panel in two parts 340-085-120-0 & 340-085-150-0. | IDG air/oil cooler acoustical panel cracks have been reported. | X | X |

- **HPC :**
    ✓ HPC Blades :

Le compresseur à haute pression cause à lui seul à peu prés 57% des déposes moteurs non programmées. Les *HPC Blades* présentent 23% de ces déposes. Ces dernières sont dues à plusieurs raisons telles que l'érosion. Une ailette exposée à l'érosion, perd ses performances et donc la pression de l'air entrant au compresseur devient plus faible ce qui engendre l'augmentation de la consommation du carburant.

Les solutions proposées résoudront énormément les problèmes concernant les *HPC Blades* ainsi que d'autres problèmes fréquents liés au HPC. Ces solutions ont pour but d'augmenter la durée de vie des ailettes, augmenter la performance du moteur, réduire la consommation du fuel et réduire les coûts de la maintenance programmée et non programmée.

Pour le problème d'érosion par exemple, la solution c'est de remplacer les *HPC Blades* existants, lors de la dépose du moteur pour restauration de performance dans le magasin par des ailettes ayant un revêtement protecteur contre l'érosion. Ce revêtement augmente la durée de vie des ailettes et améliore leur performance, spécialement dans les régions sablées. Car le sable est parmi les principales causes de l'érosion. On estime en appliquant les Services Bulletins 72-0863, 72-0798 et 72-0799 que Royal Air Maroc pourrait bénéficier d'une réduction des coûts d'a peu prés d'une dizaine de millions de dollars sur une période de 6 ans en terme de réduction de consommation de carburant et travaux d'entretien ainsi que la réduction des émissions de carbone. Cette amélioration rendra la réparation des *HPC Blades* dans le magasin de maintenance moins coûteuse car il y'aura moins de dégradations dans les ailettes.

TABLEAU 3.18 : SB sélectionnés pour les *HPC blades*

| SB num | R | C | Accessories concerned | Description | cause | S | W |
|---|---|---|---|---|---|---|---|
| 72-0863 | 2 | 7 | HPC tech insertion kit P/N 737L387G02 | new HPC TI kit P/N 737L387G03 and 737L387G04 . These kits have tungsten carbide erosion coatings on HPC stages 1 through 3 blades, and a physical vapor deposition erosion coating on stages 4 through 9 blades | Severe blade tip erosion, heaviest on HPC stages 4 through 9 trailing edges, is seen in CFM56-7B engines operating in harsh environments. | X | |
| 72-0798 | 0 | 7 | The uncoated stage 1 through stage 9 blades | rework procedure for uncoated TI HPC blades to be reworked to an erosion coated configuration in the field. | -- | X | |
| 72-0799 | 0 | 7 | The uncoated TI HPC stage 1 through 9 blades | Rework of HPC Stage 1 through Stage 9 Blades | -- | X | |

✓ HPC Bushings :

Les *HPC Bushings* présentent le responsable numéro 1 des déposes moteurs, ce sont des entretoises qui se trouvent à l'intérieur du compresseur à haute pression et qui s'usent à cause du frottement. En plus, il existe d'autres critères favorisant l'usure des entretoises dans le compresseur tels que la chaleur. Cette usure vient du fait que la matière avec laquelle ces entretoises sont fabriquées s'use rapidement. La solution à ce problème est l'application des trois services bulletins suivants :

**TABLEAU 3.19 :SB sélectionnés pour les HPC bushings**

| SB number | R | C | Accessories concerned | Description | cause | S | W |
|---|---|---|---|---|---|---|---|
| 72-0665 | 1 | 7 | -- | new stage 2 and 3 bushings 2102M23P04 and 2102M23P08 , and vanes without wear sleeves to the locations which have the pin cut-outs. | vanes with pin cut-outs must be replaced since the addition of the wear sleeve was not possible on these vanes. | X | |
| 72-0673 | 1 | 7 | The compressor stator stg 1 through stg 3 shroud assy P/N 9992M65G09 , P/N 2050M82G04 , P/N 2050M83G04 , P/N 9994M18G10 , P/N 1277M91G08 , and straight pin P/N 9115M31P06 | introduction of a new anti-rotation straight headed pins and it gives procedures to rework the compressor stator stage 1 through stage 3 shroud assemblies | After many years in service, the anti-rotation straight pin may no longer maintain the anti-rotation feature. | X | |

| SB number | R | C | Accessories concerned | Description | Cause | S | W |
|---|---|---|---|---|---|---|---|
| 72-0926 | 1 | 2 | CFM56-7B engines, SN 65Z101 through 65Z122, 88V222 through 88V999, 89X101 through 89X999, 89Y101 through 89Y999, 89Z101 through 89Z999, and 89T101 through 89T855 | This SB recommends a one-time visual inspection to verify the presence of VSV stage 3 outer bushings in the upper and lower HPC front stator case halves. | Many cases of missings bushings in the upper HPC front stator assy that cause premature HPC rotor-to-stator contact so an in-flight shutdown. | X | X |

- **Chambre de combustion (Combustion Chamber) :**

La chambre de combustion n'a été responsable que d'une seule dépose ces 10 dernières années. Mais lors des déposes du moteur, l'équipe de maintenance a été amenée huit fois à faire des réparations majeurs dans la chambre de combustion au lieu de faire une simple réparation du moteur. En effet, la chambre de combustion est exposée en permanence à des perforations causées par les brulures. Ces dernières, sont dues à leur tour à l'environnement sale (harsh environment). Afin de remédier à ce problème, la Royal Air Maroc doit introduire le SB 72-0862 sur tous les moteurs concernés lors de leur passage pour restauration de performance.

Dans le tableau ci-dessous on trouve la liste des SB à lancer sur les moteurs opérant dans les zones sales (harsh environment), qui est le cas de la RAM.

TABLEAU 3.20 : SB sélectionnés pour la chambre de combustion

| SB number | R | C | Accessories concerned | Description | Cause | S | W |
|---|---|---|---|---|---|---|---|
| 72-0862 | 0 | 7 | The outer c.c liners P/N 1968M44G05 , P/N 1968M44G06 , and 1968M63G19 | rework instructions to change the outer liner by removing the existing thick thermal barrier coating (TBC) and applying a thin TBC. | To rework parts and to release rework instructions to add a thin TBC to outer liners without a multi-hole cooling patch. | | X |
| 72-0868 | 0 | 7 | The outer c.c liners P/N 2256M22G01 | rework instructions to change the outer liner by removing the existing thick thermal barrier coating (TBC) and applying a thin TBC. | To rework parts and to release rework instructions to add a thin TBC to outer liners without a multi-hole cooling patch. | | X |
| 72-0880 | 0 | 7 | The inner c.c liners P/N 2256M23G02 and 2256M23G03 | rework the inner liner to a new P/N 2256M23G04 configuration, with a multi-hole cooling patch and thin TBC | -- | | X |

- **HPT :**

La turbine à haute pression est responsable d'à peu près 13% des déposes moteurs.

✓ HPT blades :

Les problèmes rencontrés dans les *HPT blades* sont les brulures/criques (fatigue thermique). Ce phénomène est vécu par les compagnies qui opèrent dans les régions sales/sablées (harsh environment). Le sable s'accumule sur le pied d'ailette causant le bouchage des trous de refroidissement des ailettes, par conséquent leur brûlure durant leur fonctionnement sous hautes températures.

Les nouvelles ailettes proposées dans le SB 72-0818 ont un design qui empêche le cumule du sable sur les pieds d'ailettes et donc minimiser les brulures et pour éviter aussi l'entrée du sable au système de refroidissement pour ne pas les emboucher.

TABLEAU 3.21 :SB sélectionnés pour la chambre les HPT Blades

| SB number | R | C | Accessories concerned | Description | Cause | S | W |
|---|---|---|---|---|---|---|---|
| 72-0696 | 2 | 4 | HPT rotor blades P/N 2002M52P09 , 2002M52P11 , 2002M52P14 , 1957M72P01 , and 1957M72P02 | recommended removal times for specific HPT rotor blade P/N 2002M52P09 and P/N 1957M72P01 & P/N 2002M52P11 & P/N 1957M72P02 that have a "PCW" SN prefix & P/N 2002M52P14 with a "PCW" SN prefix | High local mechanical and thermal stresses in the internal HPT rotor blade cavity have lead to fatigue cracking. | X | |
| 72-0818 | 1 | 7 | The high pressure turbine rotor blade P/N 2100M96P03 | Introduction of a new HPT rotor blade P/N 2100M96P04 and new HPT Kit 737L325G06. | The HPT rotor blade P/N 2100M96P03 includes a leading edge split shelf feature. | X | |

✓ HPT Nozzles :

Les *HPT nozzles* sont aussi exposés à l'oxydation. Une fois l'oxydation touche le métal de base, on est obligé de s'en débarrasser. Afin d'augmenter leur durée de vie, il est recommandé d'appliquer le SB 72-0466, qui permettra d'éviter une oxydation profonde qui peut atteindre le métal de base.

TABLEAU 3.22 :SB sélectionnés pour les HPT nozzles

| SB number | R | C | Accessories concerned | Description | Cause | S | W |
|---|---|---|---|---|---|---|---|
| 72-0466 | 1 | 7 | HPT nozzles 2080M35G01 , 2080M35G02 , 2002M20G07 , and 2002M20G08 | introduction of new and reworked HPT nozzles | Extended operating time and temperature can cause oxidation of the HPT nozzle outer band and shroud | X | |
| 72-0556 | 0 | 4 | The old HPT forward inner nozzle support 1808M15G03 /G06/G07/G08 and 1668M61G03 system | modifications drawings to the FINS of the CFM56 field rework list. | The old FINS become abraded just aft of the forward flange. The abrasion is caused by particles that get trapped by the bolt shield. | X | |

- **LPT :**

Le module Turbine à haute pression se trouve à l'arrière du moteur. Elle est constituée en 3 sous modules:

- ✓ LPT nozzle stator case
- ✓ LPT Frame
- ✓ LPT rotor.

a. Stage 1 LPT Nozzle:

La détérioration des stages 1 LPT nozzles ont de graves conséquences sur la performance du moteur, ils peuvent provoquer des problèmes de démarrage. Cette détérioration est due à plusieurs raisons notamment l'exposition à des hautes températures ainsi que la corrosion car la cavité des HPT nozzles n'est pas protégée contre la corrosion thermique. La solution proposée par le SB 72-0734 c'est l'ajout d'une couche d'aluminium sur la cavité.

**TABLEAU 3.23:SB sélectionnés pour les Stage 1 LPT Nozzle**

| SB number | R | C | Accessories concerned | Description | Cause | S | W |
|---|---|---|---|---|---|---|---|
| 72-0728 | 2 | 2 | stages 1, 2, and 3 LPT nozzles | identification of fuel large tip nozzle replacements, flexible borescope inspection requirements, and distress limits for stages 1, 2, and 3 of the LPT, caused by deterioration of O-rings internal to the fuel nozzle P/N 1317M47G01. | Reports of no starts, hard or slow starts, have been reported on some CFM56-7B engines with deterioration in fuel nozzles. distress to stages 1, 2 and 3 LPTN caused by deteriorated fuel nozzles as low as 6,000 FC since nozzle installation. | X | X |
| 72-0734 | 1 | 7 | LPT Stage 1 Nozzle Segment 251-0 and 351-0 | Introduction of the new LPT Stage 1 Nozzle Segment 340-256-252-0 and 340-256-352-0 with aluminization. | Problem of thermal corrosion has been observed. | X | |

✓ LPT frame:

| SB number | R | C | Accessories concerned | Description | Cause | S | W |
|---|---|---|---|---|---|---|---|
| 72-0477 | 2 | 3 | No.5 bearing support P/N 336-026-806-0 , 336-026-807-0 and 340-165-901-0 | instructions to perform a fluorescent penetrant inspection of the No.5 bearing support nipple weld | Several No.5 bearing support nipple cracks have been reported | X | |

| 72-0499 | 1 | 7 | No. 5 bearing support 340-165-901-0 installed | introduction and spare parts availability of No. 5 bearing support 340-165-903-0 with an increased thickness nipple | The torquing procedure of the oil scavenge tube is applying high stress onto the No. 5 bearing support nipple | X | |

Pour éviter des déposes des moteurs non programmées, le SB 72-0499 propose le remplacement des raccords existants dans la LPT Frame qui se cassent rapidement avec d'autres raccords plus résistants à la chaleur et aux vibrations.

**TABLEAU 3.24: SB sélectionnés pour la LPT frame**

- **Accessory GearBox :**

Les *Bearings* se trouvant à l'intérieur de l'AGB pour fixer les pignons peuvent se casser. Dans ces cas ca peut causer d'énormes dégâts. Car l'AGB c'est un ensemble de pignons liés l'une à l'autre. Le mouvement du pignon lie au démarreur génère le mouvement de l'AGB et donc le mouvement est transporté aux pompes hydrauliques et à combustible ainsi que l'IDG qui assure l'allumage à l'intérieur de l'avion. L'endommagement des *Bearings* peut bloquer le mouvement des pignons, dans les cas extrêmes ca endommage le démarreur et bloquer carrément le moteur.

Les SB suivants présentent quelques solutions aux problèmes causant la cassure des *bearing*s. En addition à ces SB, Nous avons proposé un autre SB concernant les plaques d'identifications qui sont montées sur l'AGB et contient les informations nécessaires concernant l'AGB, telles que le P/N, ou les SB appliquées dans l'AGB. Ces informations sont d'une grande utilité dans les situations ou on a besoin de la configuration de l'AGB.

**TABLEAU 3.25: SB sélectionnés pour l'AGB**

| SB number | R | C | Accessories concerned | Description | Cause | S | W |
|---|---|---|---|---|---|---|---|
| 72-0445 | 0 | 3 | Ball Bearing 340-052-502-0 | Replacement of Ball Bearing 340-052-502-0 from a suspect lot by a new Ball Bearing 340-052-502-0 or 335-304-201-0 or 335-304-202-0 or 335-304-203-0. | Six cases of M50 particles detection of Ball Bearing 340-052-502-0 have been reported from service on CFM56-7B | X | |
| 72-0927 | 0 | 3 | Ball Bearing 335-304-401-0 | Deletion of Ball Bearing 335-304-401-0 alternative for the handcranking line and instructions to replace it by a | The Ball Bearing 335-304-401-0 design has some marginal weakness for use on the handcranking line of | X | |

| | | | new Ball Bearing 335-304-402-0 or 335-304-403-0 or 340-052-602-0 or 340-052-603-0. | the AGB, few failures of the handcranking line Ball Bearing have been observed in fleet | | |

## 3.3 Mise à jour de la base de données des SB par moteur

Cette partie consiste à mettre à jour la base de donnes des services bulletins appliqués dans chaque moteur pour pouvoir déterminer par la suite l'état des moteurs par rapport au minimum standard. Cette mise à jour se fera en deux étapes :

Dans un 1$^{er}$ lieu, nous allons mettre à jour l'état des service bulletins par moteur en se basant sur l'historique des visites de maintenance faites dans l'atelier.

La 2éme étape c'est l'étude des révisions ratées des SB et détermination des plus importantes qui seront introduites dans le minimum standard.

### 3.3.1 Mise à jour de l'état des Service bulletins :

La flotte RAM est gérée par un système d'informations appelé « système Merlin » qui stocke entre autres les données concernant les opérations de maintenance. Cependant, ce système d'information ne prend pas en charge le suivi de la configuration des moteurs, ou encore la liste des SB qui ont été incorporés jusqu'à présent au niveau des moteurs.

En effet, chaque moteur une fois acheté, il est accompagné par un document spécifique nommé « Engine Data Submital » [2], ce document contient toutes les informations relatives au moteur en question, notamment les numéros de série des différentes pièces le composant ainsi que les différents SB déjà présents la dessus, ce qui représente une configuration initiale du moteur.

Bien qu'énumérées partiellement de la part de l'équipe des motoristes, ces configurations manquent de mise à jour et manquent carrément pour certains moteurs. En effet, les moteurs connaissent d'autres SB après leurs achats. Des SB qui y sont incorporés on wing (en piste avec le moteur monté sur l'avion) ou bien in shop (dans l'atelier après dépose du moteur), mais pas encore notés sur le fichier de configuration. Alors que, comme déjà évoqué, la configuration des moteurs devrait être complètement maîtrisée et facile d'accès pour éviter les problèmes d'étude de nouveau SB et/ou AD desquelles nous avons déjà parlé dans la partie analyse de l'existant.

Les statuts des SB des moteurs manquent de ceux appliqués pendant les visites de maintenance, c'est pourquoi nous avons commencé par se référer aux documents de celles-ci qui sont sous forme de comptes rendus issus des opérations maintenance effectuées à l'atelier. Ils contiennent les SB qui ont été appliqués lors de les visites de maintenance. Nous avons donc effectué une mise à jour des statuts des SB de nos moteurs.

Le tableau ci-dessous présente un extrait de la configuration en SB du moteur CFM56-7B26 S/N 890683, il contient les numéros des services bulletins, leurs titres ainsi que les révisions sous lesquelles ils étaient appliqués :

**TABLEAU 3.26 : extrait de la liste des SB appliques dans le moteur 890683**

| SB Num  | Revision | SB TITLE                          | SB Num  | Revision | SB TITLE                        |
|---------|----------|-----------------------------------|---------|----------|---------------------------------|
| 72-0045 | 3        | RWK SHRD PAD STRUT #4 VEE GRV     | 72-0281 | 0        | VSV RIDE SIDE DRAIN MANIFOLD    |
| 72-0046 | 0        | MOD CFMI BRKTS:TBC FUEL SUPPLY    | 72-0290 | 1        | INTRO OF RADIAL DRIVE SHAFT     |
| 72-0047 | 2        | HPT SHROUD RETAINING CLIP INTR    | 72-0288 | 0        | NEW STATIONARY HPT I/HT SHIELD  |
| 72-0049 | 1        | MODIF OF HARNESS MW0304           | 72-0300 | 4        | INTRO NEW BOOSTER SPOOL         |
| 72-0174 | 0        | INCREASING OF BOLT LENGTH         | 73-0022 | 0        | MODIFY FUEL NOZZLE FILTER       |
| 72-0175 | 0        | 2 WAISTS-STRUT4/10 CLAMPS ASSY    | 73-0085 | 0        | INTRO NEW J10 HARNESS           |
| 72-0188 | 1        | DIS/RECONNECT J01/J02 HARNESS     | 73-0042 | 1        | NEW FUEL DIFFERENTIAL SWITCH    |
| 72-0240 | 2        | INTRO NEW MOUNT HARNESS           | 73-0045 | 0        | HPTCC VALVE FUEL MANIFOLD       |
| 72-0189 | 0        | VSV FUEL MNFLD/VSV MNFLD BRKT     | 73-0090 | 1        | METALLIC FOAM CUSHION CLAMPS    |
| 72-0193 | 0        | BRCKT ASSY W/NEW FLANGE B6        | 73-0060 | 0        | INTRO NEW FUEL HTR SERVO        |
| 72-0194 | 0        | WAIST ON STRUT PROFILE-9 O'CLK    | 73-0062 | 1        | INTRO NEW OR REWORKED ECU       |
| 72-0195 | 0        | NEW NIPPLE W/O SAFTEY HOLE        | 73-0063 | 0        | INTRO NEW FUEL MANIFOLDS        |
| 72-0199 | 0        | TWO LNGR BOLTS-ELCT HARNS SPRT    | 73-0078 | 0        | NEW FUEL FILTER ELEMENT         |

### 3.3.2 Etude des révisions :

La partie présente porte sur l'étude des révisions des SB émises par CFM International. Elle s'inscrit dans le cadre de l'augmentation du niveau de maîtrise de la configuration des moteurs en terme de SB ainsi que l'augmentation de la fiabilité des moteurs en ayant le dernier standard sur nos avions.

Le but de cette partie c'est de déterminer les Servies Bulletins ayant des révisions majeurs, de les étudier afin d'intégrer les changements à ajouter dans les travaux de maintenance des moteurs.

Une fois nous avons déterminé tous les SB dont les révisions ne coïncident pas avec la dernière version, nous les avons classé sous deux catégories :

La première catégorie c'est Lorsque la révision n'affecte pas les moteurs ayant déjà appliqué le

SB avec l'ancienne révision. Dans ce cas, nous devons changer directement la version appliquée à la dernière version.

La deuxième catégorie englobe les révisions qui apportent un changement majeur parmi les changements cités ci-dessus. Cette dernière catégorie demande une étude approfondie permettant de décider s'elle doit être incluse dans le minimum standard ou non.

Notre but est d'augmenter le taux de révision à 100%. Pour cela, nous avons fait une étude des SB ayant une ancienne révision et l'on comparé avec la nouvelle pour pouvoir décider de l'importance de cette révision. Le résultat est une liste des SB dont la révision n'affecte pas les moteurs d'où le SB est déjà appliqué, la 2ème liste contient les SB dont la révision est jugée très importante et doit être appliquée sur les moteurs concernés.

Ce but de l'établissement de cette liste c'est d'augmenter la maîtrise de la configuration de nos moteurs et réaliser par conséquence d'énormes gains financiers. En effet, lors de la dépose moteur suite à une panne majeure ou juste pour changer les pièces à vie limitée, la non maîtrise de la configuration des moteurs fait qu'on reste à l'attente des propositions du sous-traitant SNECMA (Société nationale d'étude et de construction de moteurs d'aviation) par manque de maîtrise de la configuration des moteurs. Les propositions qu'on reçoit de chez notre sous-traitant ne sont pas forcement les meilleurs. En effet, le premier critère sur lequel il se base pour déterminer les solutions aux problèmes découverts dans le moteur est le coût, son intérêt est de générer le plus de gain possible. Alors que si on maîtrise la configuration de nos moteurs en ayant une base mise à jour des SB incorporés dans le moteurs et leurs révisions ainsi qu'un minimum standard qu'il doit être appliqué dans l'ensemble des moteurs, on sera capable de savoir ce qui ne va pas dans nos moteurs et donc à chaque dépose moteur on sera en mesure de savoir ce qui doit être fait et dépensé

Le tableau 3.27 présente un extrait des SB importants, leur numéro de révision, la raison de leur importance ainsi que les moteurs concernés par ces révisions :

| SB num | rev. applied | new rev | raison of importance of the new rev | 896333 | 960450 | 804125 | 888875 | 876248 | 892741 | 893739 | 890314 | 874235 | 894450 | 888874 | 802971 |
|---|---|---|---|---|---|---|---|---|---|---|---|---|---|---|---|
| 72-0259 | 1 | 2 | engines PCW SB are affected | | | | | | | | x | | | | |
| 72-0287 | 1 | 4 | many modifs could have been placed (1->4) | | | | x | | | | | | | x | |
| 72-0319 | 0 | 1 | add inspection and rework | | | | x | | | | x | | | x | |
| 72-0350 | 0 | 1 | instructions are update in entirely | | | | | | | | x | | | | |
| 72-0488 | 0 | 1 | introduction of the replacement of identification plates | | | | | | x | | | | x | | |
| 72-0585 | 1 | 2 | rework the Fan Disk Middle Lug | | | | | | | x | | | | | |
| 72-0626 | 2 | 3 | apply S/B 72-0089. | x | x | x | | | | | | | | | x |
| 72-0673 | 0 | 1 | Rework the shrouds | x | | | | | | | | | | | |
| 72-0689 | 1 | 2 | CFM will provide a 50% back-end discount | | x | x | | x | | | | | | | |
| 72-0759 | 1 | 2 | perform S/B 72-0824. | | x | | | | | | | | | | |
| 72-0789 | 1 | 2 | instructions are update in entirely | | x | | | | | | | | | | x |
| 72-0795 | 0 | 3 | many modifs could have been placed (0->3) | | | | | | | | | | | | |

TABLEAU 3.27 : extrait de la liste SB ayant des révisions importantes avec les moteurs concernés

## 3.4 Statut des moteurs par rapport au minimum standard

Une fois le minimum standard est établi, nous allons déterminer le statut des moteurs par rapport à ce dernier. Pour cela nous avons classé les moteurs par genre pour faciliter la détermination des Services Bulletins concernant chaque moteur.

Le tableau ci-dessus constitue un récapitulatif du statut des cinq catégories de moteurs existants dans les avions Boeing 737 NG par rapport au minimum standard.

**TABLEAU 3.28 : statut des moteurs par rapport au minimum standard**

| genre | Nombre des SB par genre | Pourcentage des SB par genre | Nombre de moteurs | Nombre moyen des SB appliqués par genre | Pourcentage des SB appliqués |
|---|---|---|---|---|---|
| 24 | 146 | 96% | 11 | 22 | 15% |
| 24/3 | 91 | 60% | 1 | 7 | 8% |
| 26 | 148 | 97% | 31 | 22 | 15% |
| 26/3 | 95 | 62.5% | 13 | 14 | 15% |
| 26E | 51 | 33.5% | 18 | 14 | 27.5% |
| total | 152 | 100% | 74 | 24 | 16% |

Sachant que les versions les plus anciennes sont les 24 et 26, ensuite viennent les *Tech insertion* qui sont les 24/3 et 26/3 et en dernier lieu apparait les 26E, On constate suivant le tableau ci-dessus que le nombre des Services Bulletins affecté à chaque genre est une fonction décroissante de l'âge des moteurs. C'est tout à fait normal car les nouveaux moteurs contiennent une configuration meilleure que les anciens moteurs et donc il existe un nombre très limité d'améliorations qui sont affectés aux nouveaux moteurs. Alors en passant de l'ancien genre au niveau genre de moteurs on diminue en moyenne 35% des SB du minimum standard. Soit un nombre de 54 SB par moteur.

On constate aussi qu'en moyenne, seulement 16% du minimum standard est appliqué sur l'ensemble des moteurs.

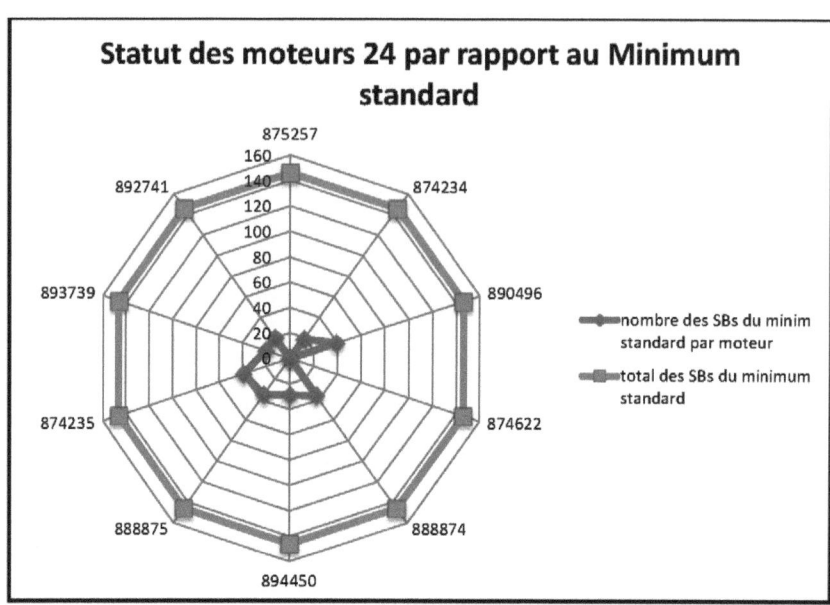

FIGURE 3.4 : statut des moteurs 24 par rapport au minimum standard

Une fois le statut des moteurs par rapport au minimum standard est connu, nous allons passer à l'évaluation économique de ce minimum standard. Le statut des autres types de moteurs sont en annexes.

## 3.5 Conclusion

Une fois le minimum standard est établi, la base de données est mise à jour, le statut des moteurs par rapport au minimum standard est élaboré. Il ne reste qu' à introduire ces résultats dans un moyen dans lequel il sera facile de les consulter et les exploiter. Ce moyen est une application informatique assurant le suivi et la mise à jour des résultats obtenus.

# Chapitre 4

### 4. Contrôle des améliorations via l'application informatique

Ce chapitre est dédié au contrôle des améliorations via une application informatique assurant :
- Le suivi de la configuration des moteurs
- La mise à jour du minimum standard.

# 4- Contrôle des améliorations via l'application informatique

### 4.1 Introduction :

Afin de réduire les coûts de la maintenance des moteurs, nous sommes amenés à diminuer le temps que passe le moteur dans l'atelier de maintenance. Donc, plus on maîtrise la configuration des moteurs, plus le temps que le sous-traitant passe dans les travaux de maintenance est réduit. Le but de notre application informatique est de réduire au maximum le temps d'établissement des EO, de traitement des SB et d'assurer le suivi de la configuration des moteurs.

### 4.2 Spécification des besoins

Après avoir choisi la liste des SB qui doivent figurer dans le minimum standard, nous nous sommes sortis avec une centaine de SB, c'est une liste de taille assez importante, qui n'est pas facilement exploitable et qui contient plusieurs attributs.

Dans le but d'assurer le maintien du minimum standard et garantir une utilisation avec le moins de temps possible ainsi que faciliter son alimentation en nouveaux SB. Nous avons pensé à concevoir une application pour rendre l'utilisation encore plus ergonomique.

L'application ne se limitera pas à l'exploitation du minimum standard, mais aussi à l'exploitation de la configuration du moteur. En effet, la consultation d'un SB recommandé sur le minimum standard serait encore plus intéressante si on se renseigne aussi sur les moteurs sur lesquels ce SB est réellement appliqué.

Pour récapituler, voilà les besoins exprimés par l'entité GF-EM :
- Faciliter la consultation du minimum standard
- Faciliter l'ajout des SB recommandés sur le minimum standard.
- Faciliter la modification des informations déjà présentes dans le minimum standard.
- Assurer la communication entre les différents utilisateurs.
- Assurer le suivi de la configuration des moteurs par rapport au minimum standard

Afin de faciliter l'exploitation du minimum standard ainsi que de la manipulation de la configuration du moteur, nous avons opté pour la conception d'une application de gestion de base de données qui serait facile à utiliser. Nous avons utilisé pour ceci le langage VB.Net accouplé à un stockage de la base de données sur Access de Microsoft office.

## 4.3 Conception et architecture générale
### 4.3.1 Présentation de la classe service bulletin :

La classe est un modèle de construction d'un objet. C'est une description abstraite en terme de données et de comportements d'un objet ou d'une famille d'objet. La classe est une présentation constituée de deux parties l'une statique et l'autre dynamique

Partie statique : ce sont les attributs d'une classe c'est-à-dire les propriétés. C'est une description des données propres à chaque classe.

Partie dynamique : ce sont les méthodes, c'est-à-dire les actions, procédures, fonctions ou opérations associés à une classe.

**TABLEAU 4.1 : classe service bulletin**

| CLASSE SERVICE BULLETIN ||
|---|---|
| ATTRIBUTS | METHODES |
| Révision | Consulter |
| effectivité | Ajouter |
| Catégorie | Modifier |
| Description | Supprimer |
| Causes | |
| Références | |

### 4.3.2 Acteurs de l'application :

**Les motoristes :** ce sont les différents éléments du personnel de la GF-EM qui sont censés étudié les SB, comparer leur contenu avec les problèmes de fiabilité. Ainsi que de manipuler l'application pour utiliser ses différentes fonctions.

**Le serveur de partage** : c'est là où la base de données devrait être stocké. Le serveur assure l'alimentation des requêtes de l'utilisateur. Il assure aussi la mise à jour des modifications apportées par l'un des utilisateurs pour en faire part les autres utilisateurs.

La figure ci-après présente le diagramme d'utilisation de notre application informatique, mettant en relief ces différents intervenants ainsi que les conditions d'utilisation:

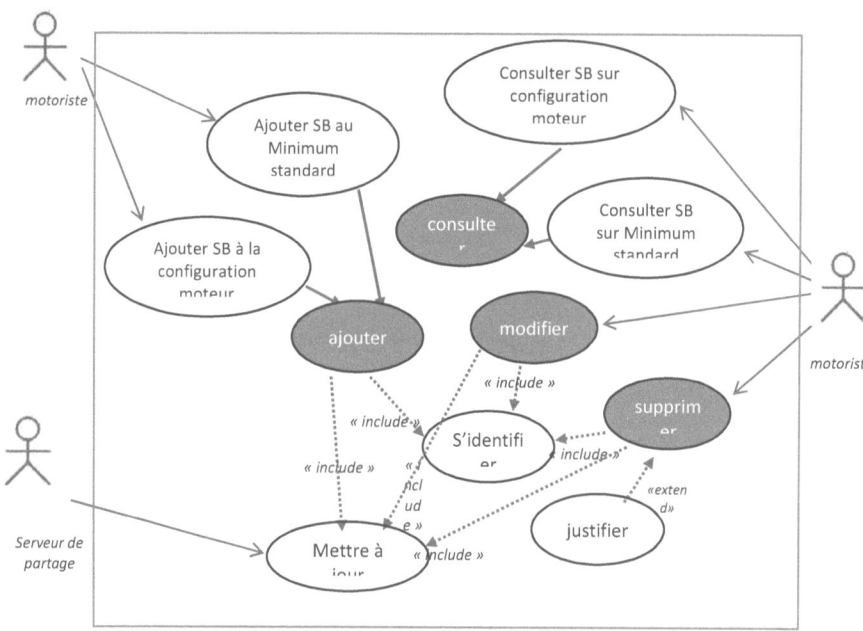

**FIGURE 4.1 : Diagramme d'utilisation de l'application**

## 4.4  Fonctionnalités de l'application

Nous présentons ci-dessous le diagramme de séquence qui fait ressortir :
– Les acteurs
– Les objets
– Les messages

Il représente les interactions entre objets en précisant la chronologie des échanges de messages, cela revient à présenter les scénarios possibles d'un cas d'utilisation donné.

La figure 4.2 présente les différents scenarios d'utilisation et les messages qui sont transmis entre les acteurs de façon chronologique.

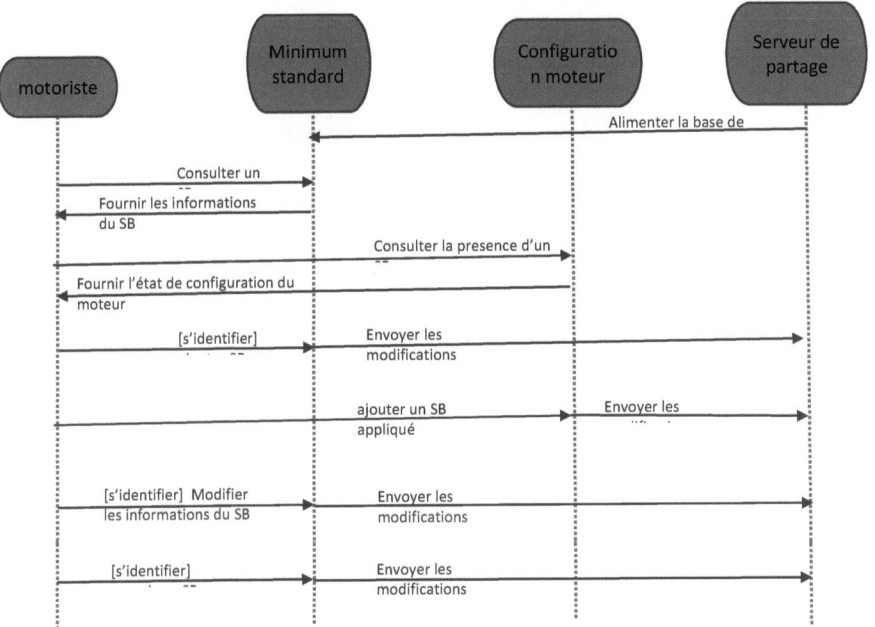

FIGURE 4.2 : diagramme de séquence de l'application

### 4.4.1. Onglets de l'application :

Le menu principal est composé de trois onglets, à savoir le statut des SB contenant les différentes actions de modification, d'ajout ou de suppression des SB de la base de données ou du minimum standard relatif aux moteurs. Le 2ème onglet est celui du statut des moteurs, sur lequel nous pouvons effectuer toutes les opérations concernant la base de données des moteurs, telles que la modification de l'état du moteur par rapport à un SB, la recherche de la liste des SB appliqués dans le moteur, ou la liste des SB figurant dans le minimum standard et qui concerne le moteur en question.

Le 3ème onglet permet juste de quitter l'application.

FIGURE 4.3 : menu de l'application informatique

Notre application permet à l'utilisateur d'effectuer plusieurs opérations, à savoir, la recherche, la modification, l'ajout, la suppression et l'affichage. Ces opérations peuvent se faire soit sur moteur, soit sur SB. Dans ce qui suit, nous allons présenter chaque opération en détails :

**Rechercher :**

L'option rechercher permet à l'utilisateur de l'application de trouver en toute simplicité les informations concernant le SB en question. A travers une manière simple et visible, l'utilisateur peut s'informer sur le juste nécessaire sur le SB. Cet onglet contient comme entrée le numéro du SB comme clé primaire de la base de données, une fois celui-ci est renseigné le SB s'affiche avec toutes les informations le concernant.

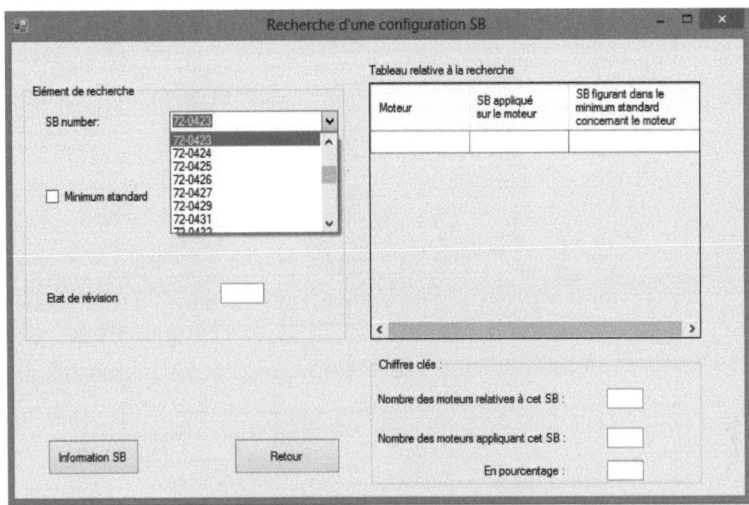

**FIGURE 4.4 : recherche des informations d'un SB**

Une fois le numéro du SB est sélectionné, on clique sur le bouton intitulé « Informations SB » et on aura comme résultat, l'état de révision du SB, la liste de l'état des moteurs par rapport au SB (cette liste indique si le SB est appliqué sur le moteur ou non), si en plus, le SB figure dans le minimum standard, la liste révélera les moteurs concernés par le SB.

En bas de l'interface, nous obtenons quelques chiffres clés, tels que le nombre de moteurs relatifs à ce SB ainsi que le nombre des moteurs appliquant le même SB, ce qui nous donne un pourcentage d'application du SB dans les moteurs concernés.

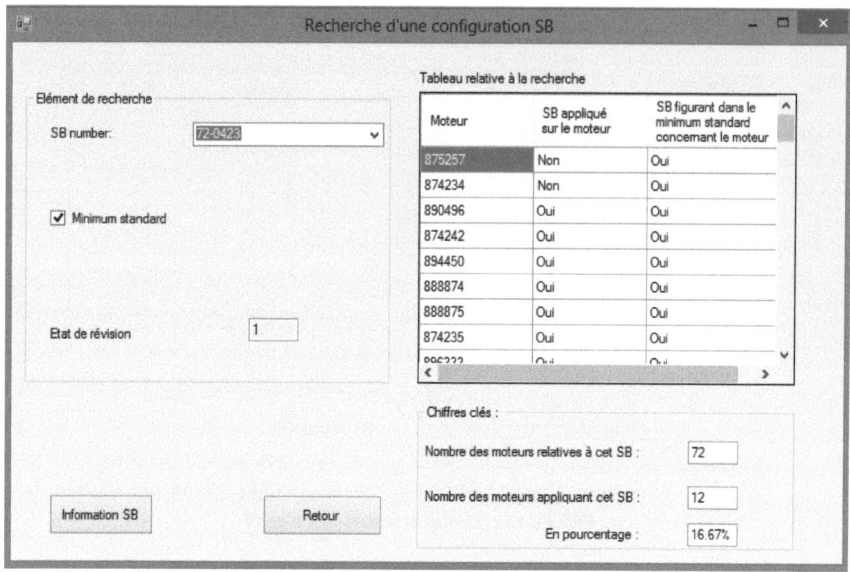

**FIGURE 4.5 : informations relatives au SB recherché**

La recherche des SB peut également s'effectuer par moteur ou par accessoire. et dans ce cas, nous allons obtenir tous les SB qui concernent le moteur ou l'accessoire en question ainsi que son statut par rapport au minimum standard. Pou cela, il suffit de choisir quel type de recherche nous voudrions faire (par moteur ou par accessoire) et puis les SB qui les concernent s'affichent.

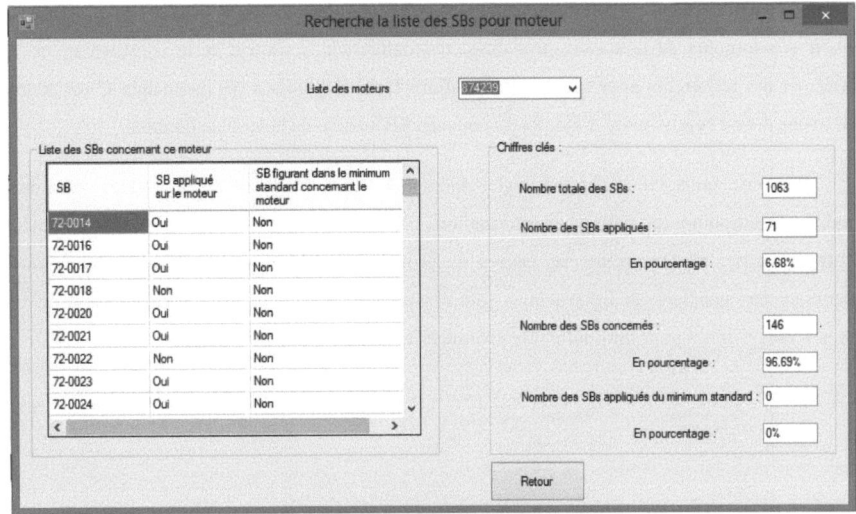

**FIGURE 4.6 : recherche des SB par moteur**

Pendant une dépose non programmée d'un moteur causée par une panne imprévue de ce dernier, on essaye généralement de profiter de cette dépose pour appliquer des SB nécessaires pour le moteur en question le temps qu'on a accès à l'intérieur du moteur. Mais, comme déjà précisé dans la partie recensement des problèmes, l'accès à l'information concernant la configuration courante du moteur prend énormément du temps, une information très utile pour se décider sur les SB concernant ce type de moteur.

L'application développée donne accès rapide à une liste déjà prête des SB recommandés pour nos moteurs, et à travers l'onglet recherche on introduit juste le S/N du moteur concerné pour avoir les SB qui le concernent. Ainsi la décision est faite assez rapidement, les SB sélectionnés seront mis en place comme voulu et la dépose moteur se transformait d'un événement redoutable à un avantage.

Cependant, si l'utilisateur n'a donc pas besoin de sélectionner quelques SB au détriment d'autres ou bien il n'avait pas l'intention de choisir un type d'information au lieu d'autres, nous avons donné la possibilité d'avoir accès directe à la totalité du « minimum standard », ceci est garanti à travers le bouton « afficher tout ».

**Ajouter :**

Le minimum standard est une base de données dynamique, la mise à jour des SB se fait de manière fréquente. Car, il y a toujours des nouveaux SB qui apparaissent et d'autres qui s'annulent. En effet, il y a toujours de nouveaux problèmes rencontrés sur le moteur et le constructeur ne cesse d'effectuer des recherches pour trouver des solutions technologiques à ces anomalies. C'est pourquoi, nous avons donné la possibilité d'ajouter de nouveau SB au sein de la base de données.

Pour ceci nous avons conçu l'onglet Ajouter, il est constitué de champs vides que l'on doit remplir pour introduire les différentes informations concernant le SB en question. A savoir numéro du SB, sa catégorie, sa description, les causes du problème qu'il résout, ses ressources humaines et matérielles, etc. une fois ces informations sont renseignées, il ne reste qu'à le confirmer à travers le bouton « enregistrer » pour introduire effectivement le SB sur la base de données

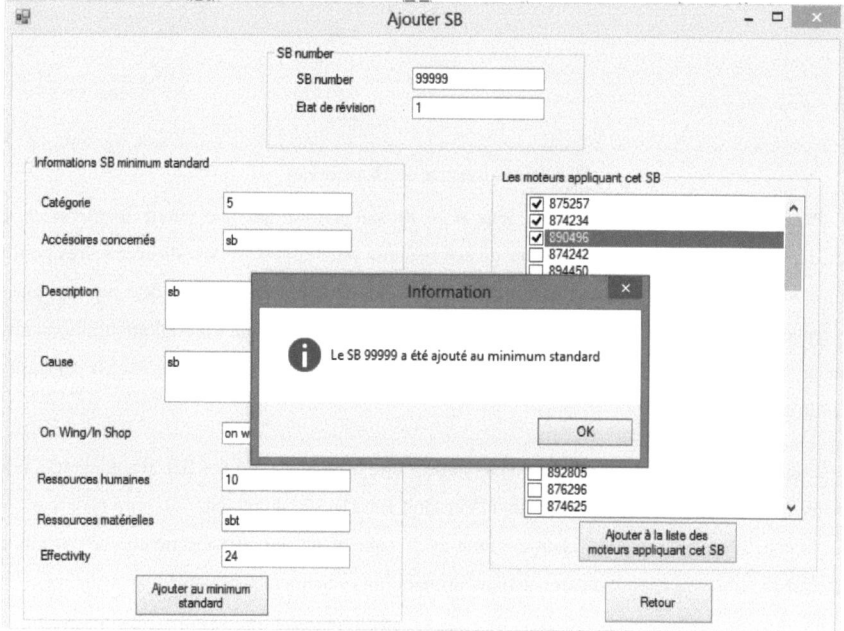

**FIGURE 4.7 : ajout d'un SB à la base de données**

Cet onglet nous permet de mettre à jour le minimum standard de façon continue. Avec l'apparition d'un nouveau SB, on ajoute ce dernier dans le minimum dans la base de données si on le juge important à travers une étude préliminaire. Cet ajout du SB dans le minimum standard va nous permettre de garder le suivi de ce SB, de le consulter rapidement une fois on en a besoin, et de planifier son applicabilité une fois un moteur concerné est déposé.

En retournant à la base de données, on constate qu'effectivement le SB a été bien ajouté.

| SB number | Revision | Cat | Accessory concerned | Description | Cause | On wing/in s | hui | material ress | Effectivity |
|---|---|---|---|---|---|---|---|---|---|
| 79-0024 | 1 | 2 | Lubrication Units P/N 34 | introduction and s | Several disengage | | 1 | see SB | 24, 26 |
| 80-0013 | 1 | 7 | ATS VIN 3505945-9 | (P/N to inspect and/or ( | Over time, the alu | | 4 | decoupler VIN 3504835-1 | 24, 24/3, 26, 26 |
| 80-0014 | 0 | 7 | starters VIN 3505945-10 | Introduction of Ne | Tension bar decou | | 0 | honeywell | 24, 24/3, 26, 26 |
| 80-0015 | 0 | 2 | ATS VIN 3505945-9 | (1851 Return Suspect Ai | Investigation has | | 0 | -- | 24, 26 |
| 99999 | 1 | 5 | sb | sb | sb | on wing | 10 | sbt | 24 |

**FIGURE 4.8 : liste des SB figurant dans le minimum standard**

## Modifier :

L'application donne la possibilité de modifier les informations déjà introduites dans la base de données. En effet, il se peut que des erreurs arrivent lors de l'alimentation du minimum standard, il faudrait donc donner la possibilité à l'utilisateur de corriger les entrées. C'est pourquoi l'onglet modification renvoi au SB voulu avec toutes les informations le concernant, où l'utilisateur peut la modifier comme il veut. Une fois les modifications exécutées, il ne reste qu'à les enregistrer.

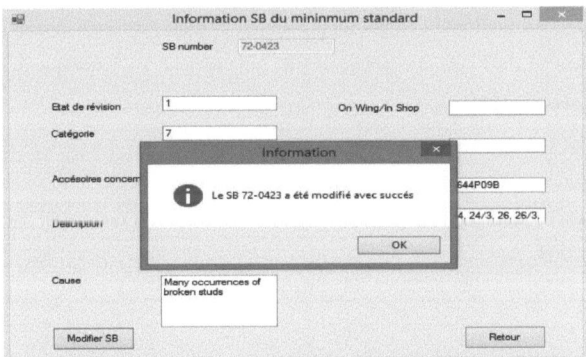

**FIGURE 4.9 : modification des informations d'un SB dans la base de données**

## Supprimer :

Du moment que la base de données est une interface exposée à la modification, nous avons introduit l'action de suppression des SB qui, pour une raison ou une autre, pourrait s'avérer inutile pour la flotte RAM.

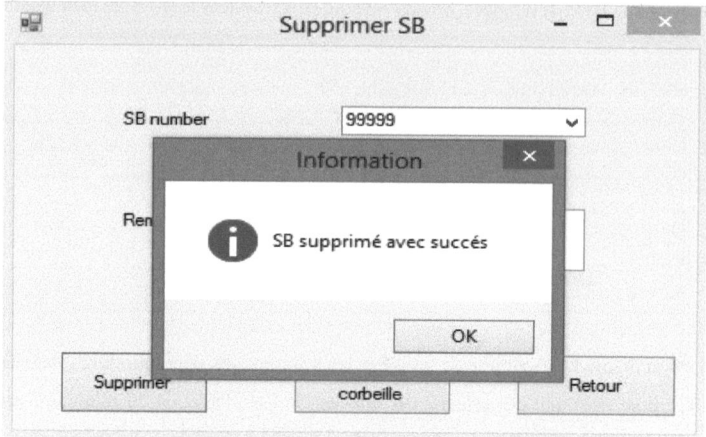

**FIGURE 4.10 : suppression d'un SB de la base de données**

Etant une action justifiée, la suppression est accompagnée par une raison qui devrait être notée pour toute fin utile. C'est pourquoi l'onglet suppression n'exécute pas une suppression radicale de l'SB mais un déplacement de l'SB vers une table corbeille qui contiendra l'historique des suppressions avec les raisons qui les accompagnent.

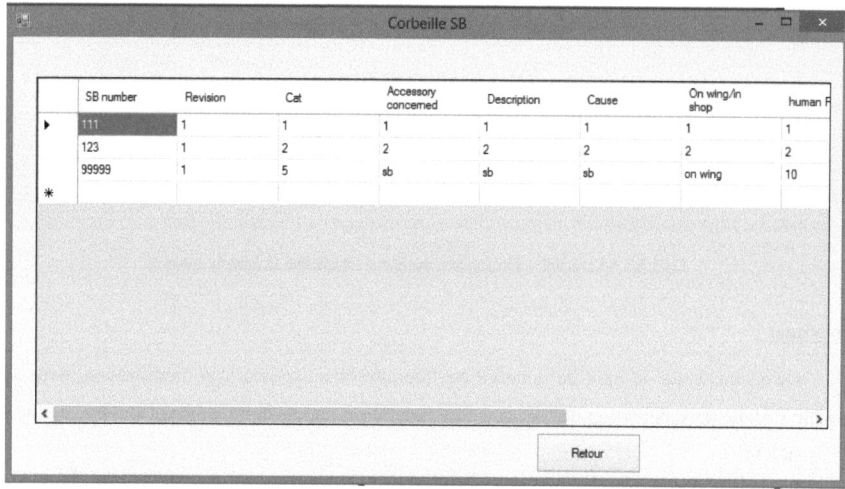

**FIGURE 4.11 : table corbeille**

**Ajouter un SB à la configuration :**

Une fois le moteur est déposé et déplacé vers en atelier de réparation du sous-traitant (moteur in shop), on en profite pour appliquer des modifications en termes d'SB. Il faut donc stocker ces SB incorporés sur la liste des modifications juste après. A travers l'onglet « ajouter » dans la configuration, nous donnons à l'utilisateur la possibilité d'introduire simplement les SB nouvellement implémentés avec les S/N moteur concerné.

**Afficher :**

L'application donne aussi accès à la configuration du moteur en termes des SB, afin de faciliter à l'utilisateur le fait de retrouver à partir d'un *SB number* les moteurs sur lesquels celui-ci est appliqué.

L'option Afficher sert à visualiser les différentes tables qui construisent la base de données, que ca soit la table du minimum standard avec toutes les informations nécessaires pour l'application de ce dernier ou bien la liste des SB appliqués par moteur.

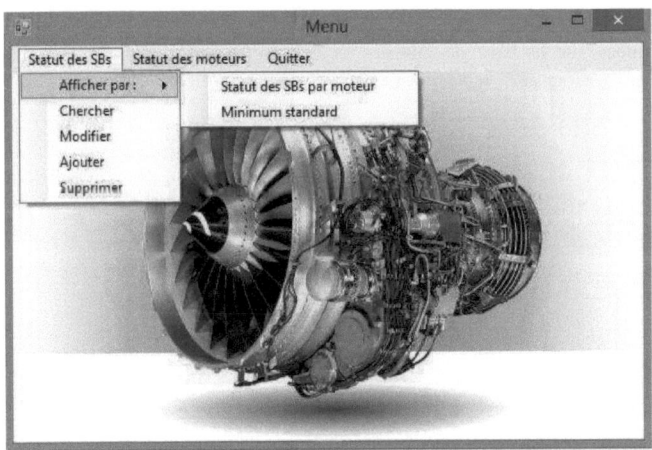

FIGURE 4.12 :les différentes opérations existants dans les onglets

La figure 4.13 présente la liste des moteurs et leurs états par rapport à chaque SB. en effet, le 1 signifie que le SB est appliqué dans le moteur en question. Tant que la case est vide, le SB n'est toujours pas appliqué dans le moteur.

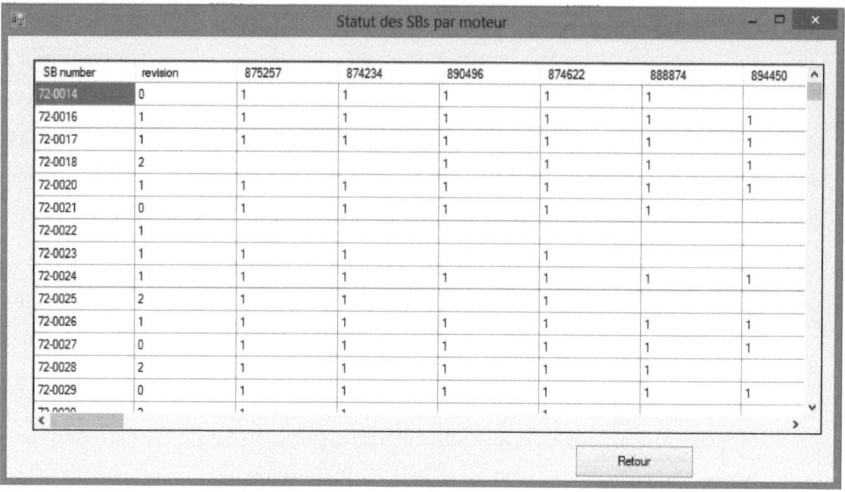

**FIGURE 4.13 : Liste des SB appliqués par moteur**

Une fois on termine toutes les opérations, il ne reste qu'a enregistrer les différentes modifications menées sur la base de données et ensuite passer à l'onglet quitter pour fermer l'application.

**FIGURE 4.14 : Onglet Quitter l'application informatique**

### 4.4.2. Conditions d'utilisation de l'application:

**Partage de l'information :**

L'application devrait être utilisée par tout membre de l'équipe GF-EM. Les membres de l'équipe vont pouvoir la consulter ainsi que la modifier. Pour prendre en compte les différentes modifications faites par l'un des utilisateurs au niveau des bases de données sur les PC des autres utilisateurs, nous allons stocker la base de données utilisée sur le serveur de la RAM afin qu'elle soit partagée, il suffit donc d'installer l'application sur les PC des motoristes pour faire le lien avec la base de données sur le serveur.

**Confidentialité :**

L'accès à l'application ne va être autorisé que pour les motoristes. C'est pourquoi nous avons créé sur chaque PC un accès limité par un mot de passe. Chacun des motoristes a choisi son propre mot de passe.

## 4.5 Conclusion

L'application proposée veille au suivi des améliorations. Elle présente la référence principale avant chaque prise de décision concernant le processus de traitement des Service Bulletins. En effet, elle va être utilisée en amont de la prise de décision en fournissant les informations nécessaires à propos de la configuration des moteurs de la flotte RAM. Elle va être utilisée également en aval de celle-ci en rassemblant les résultats des études relatives aux SB et ainsi effectuant la mise à jour du minimum standard relatif aux moteurs.

Une fois toutes les solutions aux défaillances du processus sont développées, ainsi que le moyen de contrôle et suivi de ces solutions, il est temps d'évaluer ces solutions et monter leur impact sur le processus actuel.

# Chapitre 5

## 5. Evaluation du projet

Ce chapitre consiste en l'évaluation du projet, il se compose de 3 parties :

- Impact du minimum standard des accessoires externes sur les retards avions.

- Impact du minimum standard des modules/sous modules sur le nombre de déposes moteur.

- Evaluation du processus

# 5- Evaluation du projet

## 5.1 Introduction

Ce chapitre est consacré à l'évaluation du projet, pour ce, nous allons commencer par l'évaluation économique du projet en termes de diminution des retards de départs de vol dus aux pannes moteurs ainsi que la diminution du nombre de déposes de ces derniers. Ensuite, nous allons passer à l'évaluation du nouveau processus en le comparant avec l'ancien.

## 5.2 Evaluation économique du projet

Le projet étant de nature valorisable, nous allons utiliser l'analyse coûts-avantages. Cette méthode est déjà vu dans le cours d'analyse de projet. C'est évaluation financière qui repose sur l'analyse, car il s'agit de comprendre (puis d'expliquer) autant que de mesurer et calculer ; et les flux qui sont les mouvements matériels (biens et services) et monétaires ; ainsi que sur les coûts et d'avantages ou bien les revenus du projet.

Le but de cette étape n'est pas de donner les gains précis du projet mais c'est pour montrer la profitabilité des propositions afin de justifier leur implémentation. Nous allons donc évaluer dans nos calculs les coûts d'incorporations de l'ensemble des SB proposé, ainsi que les revenus qui doivent se générer de l'application des solutions.

### 5.2.1 Hypothèses de calcul :

Afin de mener les calculs qui vont estimer la profitabilité du projet nous allons nous baser sur les hypothèses suivantes

- Commencer par l'incorporation des SB on Wing :

L'application des SB on Wing se fait à l'heure que le moteur est attaché à l'avion, donc il peut être appliqué pendant les check de maintenance du moteur, sans avoir à le déposer ce qui nécessite de la planification. Nous prévoyons donc à ce que les SB retenus de type on Wing soient appliqués pendant la première année. Le total des SB qui pourront être appliqués est de 1780 dont 616 sont on Wing.

- Durée d'investissement : 7 ans

Afin de mener l'évaluation financière du projet, nous allons fixer une période de sa mise en place de 7 ans. Ce choix est fait sur la base de l'historique des déposes programmées et non programmées. Notamment sur le nombre moyens des moteurs qui sont déposés par ans qui est de 11. Etant donné que le nombre total des moteurs à déposer étant de 74, Nous prévoyons donc que 7 années devraient être suffisantes pour que la totalité des moteurs soient déposés pour des opérations de maintenance. Ainsi, on devrait exploiter ces déposes pour l'application des SB proposés. (Tableau 5.1)

- <u>Nombre Des SB à appliquer chaque année : estimé</u>

Comme son nom l'indique, difficile de prévoir le temps exacte d'une dépose non programmée d'un moteur. En effet, le nombre et le type de moteur qui pourraient être déposés dans une année détermine le nombre de SB à appliquer ainsi que le montant qui va être dépensé. Nous allons donc faire une répartition égale sur toutes les années, mais ce qui importe c'est de voir si à la dernière année de l'application du projet, celui-ci va être rentable ou pas. (Tableau 5.1)

- <u>Période de calcul des coûts et des gains : 10 ans</u>

Les solutions proposées, qui sont les SB, vont avoir un effet sur la fiabilité des parties concernées qui dure dans le temps. Nous allons supposer une période de 3 ans. Bien que minime, cette période est adéquate pour un raisonnement qui prend en considération le risque d'apparition de nouvelles pannes. Ainsi les gains du projet vont être comptabilisés sur 10 ans à partir de la première année d'incorporation.

- <u>Evolution des coûts de la maintenance : 20</u>

Les coûts de la maintenance s'élève chaque année. En effet, les mêmes opérations qui se font dans une année, coûteront plus chères s'ils se font l'année qui suit. Ceci va être pris en considération dans les calculs, nous allons donc prendre en considération une augmentation de 20% sur la durée de calcul.

- <u>Evolution des retards et incidents techniques</u>

En tenant compte de l'effet de l'âge des moteurs sur les retards, nous supposons une augmentation des retards de 10% chaque année et donc on aura les résultats suivants. Mais pour les incidents techniques nous supposons qu'il n'y aura pas d'augmentation, car ce sont des événements rares qui ne présentent pas d'évolution dans le temps comme les retards des départs de vols.

- Effet des SB in shop

Nous supposons que l'effet de l'application des SB effectuée in shop, c'est-à-dire après dépose du moteur, va prendre un an pour être touché. Ceci est considéré dans les calculs des revenus.

- Taux d'actualisation utilisé : 10%

Le taux d'actualisation qui a été utilisé dans les calculs est une information confidentielle de l'entreprise, nous allons exposer les calculs avec un autre taux supposé de 10%. Le choix d'un tel taux, risqué de sa nature, nous permettra d'effectuer les calculs dans les pires des cas et ainsi évaluer la profitabilité du projet dans de telles conditions.

**TABLEAU 5.1 : Répartition des déposes et des SB à implémenter in shop par année**

| année | nombre de moteurs à déposer | pourcentage des moteurs à déposer | nombre d'SB à appliquer in shop |
|---|---|---|---|
| 1 | 11 | 15 | 173 |
| 2 | 11 | 15 | 173 |
| 3 | 11 | 15 | 173 |
| 4 | 11 | 15 | 173 |
| 5 | 11 | 15 | 173 |
| 6 | 11 | 15 | 173 |
| 7 | 8 | 10 | 126 |

## 5.2.2 Calcul des coûts du projet

Le coût d'implémentation d'un SB est généralement celui de :
- **nouveaux matériels** : c'est les pièces introduites dans le SB soit en tant que pièces de rechange ou bien en tant que nouveaux outillages nécessaire pour l'implémentation du SB. Le coût du

matériel est régularisé par un « annual escalation rate» ou bien un taux d'augmentation de prix de 5% par an. Ceci est pris en considération dans les calculs. [4]

- **La main d'œuvre** : c'est-à-dire le nombre de main d'œuvre nécessaire pour l'application du SB. Ce coût est évalué à l'international de 60$ par heure. Du fait que nous ne remarquons pas un changement dans ce coût dans le temps, Nous allons le considérer comme fixe pendant les années d'application du projet.

**TABLEAU 5.2 : Estimation de répartition des dépenses pour l'implémentation du minimum standard ($)**

| Année (n) | 1 | 2 | 3 | 4 | 5 | 6 | 7 | 8,9,10 |
|---|---|---|---|---|---|---|---|---|
| dépenses on wing | 85135 | 0 | 0 | 0 | 0 | 0 | 0 | 0 |
| dépenses des SB liés aux accessoires externes in shop | 127075.1 | 127075.1 | 127075.1 | 127075.1 | 127075.1 | 127075.1 | 84716.7 | 0 |
| Dépenses des SB liés aux modules internes | 3246388.8 | 3246388.8 | 3246388.8 | 3246388.7 | 3246388.8 | 3246388.7 | 2164259.2 | 0 |
| Somme des dépenses | 3458598.91 | 3373463.9 | 3373463.91 | 3373463.9 | 3373463.9 | 3373463.91 | 2248975.94 | 0 |
| Dépenses actualisées (dépenses/1.1^n) | 3144180.82 | 2787986.7 | 2534533.36 | 2304121.24 | 2094655.7 | 1904232.43 | 1154080.26 | 0 |

Le tableau 5.2 synthétise le calcul des coûts d'incorporation des SB relatifs aux accessoires et aux modules internes des moteurs

### 5.2.3 Les Revenus du projet :

Du moment que les SB ont pour objectif de diminuer le nombre des pannes qui cause des retards et des déposes moteurs affectant ainsi les coûts et l'image de l'entreprise. Nous allons donc évaluer les revenus du projet à travers les retards et les déposes qui vont être évités.

Pour cela nous nous sommes basés sur les historiques des retards, des incidents techniques ainsi que celui des déposes que nous avons évalué en termes d'argent selon les données suivantes :

Revenus relatifs aux déposes moteurs

Sur le tableau 5.9 qui est élaboré sur la base de l'historique des déposes qui date depuis 2003. Cela veut dire que les calculs sur le Tableau sont sur 10 ans. Nous exposons le nombre de déposes causées par chaque partie sujette de notre analyse, ainsi que les découvertes d'anomalies des parties en question pendant des déposes causées par d'autres parties.

**Tableau 5.3 : coûts de déposes des moteurs suite au manque d'application du minimum standard ($)**

| module ou ss module | Nombre de déposes | coût moyen des déposes | Nombre de découvertes détectées | coûts de réparation d'une découverte | pourcentage des coûts réduits | gain par mod/sous module |
|---|---|---|---|---|---|---|
| HPC bushings | 21 | 840 000 | 15 | 300 000 | 100 | 11 640 000 |
| HPC blades | 6 | 240 000 | 13 | 66 600 | 70 | 1 053 780 |
| HPT nozzles | 2 | 80 000 | 9 | 92 000 | 50 | 546 000 |
| AGB | 5 | 200 000 | 6 | 50 000 | 60 | 450 000 |
| C.C | 1 | 40 000 | 9 | 50 000 | 60 | 324 000 |
| fan frame | 1 | 40 000 | 7 | 180 000 | 65 | 962 000 |
| HPT blades | 2 | 80 000 | 13 | 104 640 | 50 | 824 800 |
| Stage 1 LPT nozzles | 1 | 40 000 | 4 | 400 000 | 60 | 1 224 000 |
| | | | | | Total | 17 024 580 |

Le coût de la maintenance s'élève chaque année avec un taux de 20 %, nous avons eu un revenus sur les déposes de 20429496.

Revenus relatifs aux retards et aux incidents techniques

Par la suite nous allons évaluer les revenus générés par la diminution des retards. Nous avons eu recours à l'historique des retards des deux dernières années 2012 et 2013

Retards des départs de vols :
- **60 min ⇔ 7000 $**

Incidents techniques :
- **1 diversion ⇔ 32 000$**
- **Annulation de vol ⇔ 28 000$**
- **1 ATB ⇔ 22 000$**
- **1GTB ⇔ 22 000$**

**TABLEAU 5.4 : Perte engendrée par les accessoires critiques sur les deux année 2012-2013**

| Accessoire/panne externe | Durée des Retards sur les 2 dernières année (en min) | coût des retards sur les 2 an (en $) | Cumulé des coûts des retards sur les 7 ans | Incidents techniques | coût des incidents techniques (en $) | Cumulé des coûts des incidents techniques sur les 7 ans |
|---|---|---|---|---|---|---|
| Fuel leak | 850 | 99167 | 790233.293 | 0 | 0 | 0 |
| Start valve | 2073 | 241850 | 1927233.07 | 0 | 0 | 0 |
| Ignition system | 506 | 59033 | 470416.993 | 1 GTB | 22,000 | 110000 |
| Pressure switch | 666 | 77700 | 619168.946 | 1 GTB | 22,000 | 110000 |
| EEC | 427 | 49817 | 396977.341 | 2 annul. vol et 1 GTB | 78,000 | 390000 |
| Fuel Pump | 315 | 36750 | 292850.177 | 1 diversion | 32,000 | 160000 |
| Starter | 574 | 66967 | 533640.757 | 3 annulations de vol | 84,000 | 420000 |
| HMU | 229 | 26717 | 212900.087 | 1 annul.vol, 1 GTB et 1 diversion | 82,000 | 410000 |
| HPTACC | 52 | 6067 | 48346.1775 | 0 | 0 | 0 |

Nous résumons par la suite le résultat de cette partie dans la tableau 5.5. après calcul on peut donc avoir un bénéfice de plus de 4 Millions de dollars.

**Tableau 5.5 : Estimation des bénéfices du projet sur la période de calcul ($)**

| Année (n) | 1 | 2 | 3 | 4 | 5 | 6 | 7 | 8 | 9 | 10 |
|---|---|---|---|---|---|---|---|---|---|---|
| revenus sur les Retards et incidents technique ($) | 689176.7 | 689176.7 | 689176.7 | 689176.7 | 689176.7 | 689176.7 | 689176.7 | 689176.7 | 689176.7 | 689176.7 |
| revenus sur les opérations de maintenance liées aux déposes ($) | 0 | 2269944 | 2269944 | 2269944 | 2269944 | 2269944 | 2269944 | 2269944 | 2269944 | 2269944 |
| somme des revenus | 689176.7 | 2959120.7 | 2959120.7 | 2959120.7 | 2959120.7 | 2959120.7 | 2959120.7 | 2959120.7 | 2959120.7 | 2959120.7 |
| Revenus actualisés (Revenus/1.1^n) | 626524.27 | 2445554.3 | 2223231.2 | 2021119.3 | 1837381.1 | 1670346.5 | 1518496.8 | 1380451.6 | 1254956 | 1140869.1 |
| VAN (Revenus - dépenses) | -2517656.6 | -342432.4 | -311302.18 | -283001.98 | -257274.53 | -233885.94 | 364416.55 | 1380451.6 | 1254956 | 1140869.1 |

### 5.2.4 Rentabilité du projet :

Pour qualifier la rentabilité du projet nous allons utiliser l'indicateur VAN qui est calculé sur la base du taux d'actualisation de 10%. Nous obtenons après le calcul, comme ce qui est montré sur le tableau 5.5 une valeur supérieur à 0 de la VAN, ce qui confirme la rentabilité du projet.

### 5.2.5 Modélisation du processus final :

Nous utilisons pour la modélisation du processus proposé un logigramme conçu sous le logiciel Visio en utilisant le langage BPMN, qui est qualifié comme un langage approprié pour ce genre de modélisation

La modélisation des processus vise à faciliter la lecture « Top-Down » que nous avons décidé à faire pour le processus, ce qui nous aidera à identifier tous les risques liés à chaque activité. Cette modélisation est représentée par un ensemble d'activités ayant des entrées, des sorties, des ressources et sont soumises à des conditions de passage d'une étape à l'autre.

Pour avoir une modélisation fiable et claire, la modélisation établie doit répondre à certains critères de conformité. Ces derniers se présentent comme suit :

- ✓ Manipulation et assimilation faciles des symboles ;
- ✓ Réalisation d'un repérage des activités grâce à une codification de ces dernières ;
- ✓ Réalisation d'une modélisation claire qui représente les différents éléments d'entrée et de sortie et les acteurs intervenants dans chaque activité.
- ✓ Organisation des processus d'une façon hiérarchique.
- ✓ Maîtrise du langage par l'utilisateur.

En se basant sur ces critères ainsi que sur les recommandations du corps encadrant, nous avons opté pour une modélisation via le langage BPMN, que nous avons conçu sur le logiciel.

Apres toutes ces améliorations apportées au processus de traitement des SB relatifs aux moteurs, on propose donc un nouveau processus bien amélioré bénéficiant d'une diminution du temps de traitements des AD et EO et assurant une meilleure maîtrise de la configuration des moteurs en termes des SB. Le nouveau processus est schématisé sur la figure 5.6.

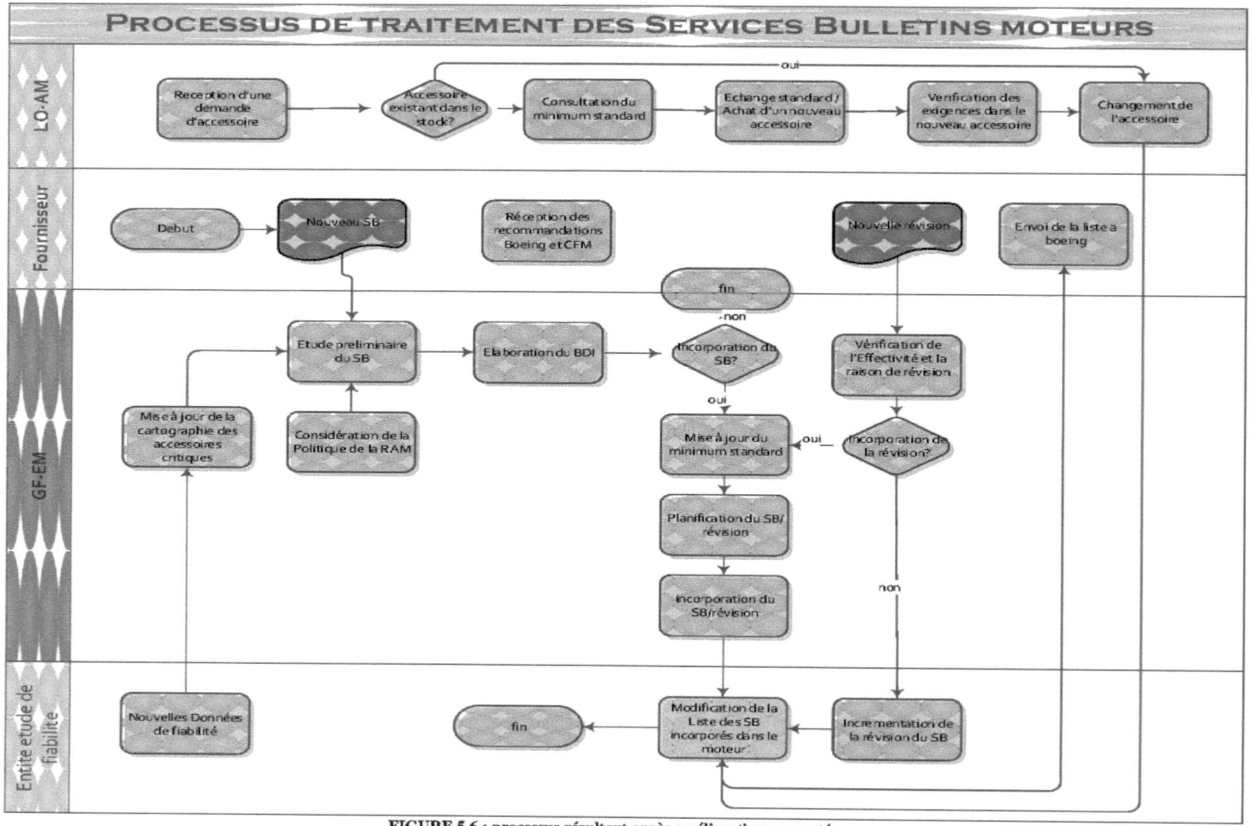

**FIGURE 5.6 : processus résultant après améliorations apportées.**

### 5.2.6 Validation du nouveau processus :

A travers une réunion avec l'équipe des motoristes nous avons pu finaliser et validé le processus. Nous avons consulté chaque étape et discuter sa faisabilité et son importance dans l'élaboration de la bonne décision. Nous les avons initié à nos livrables et à leur utilisation à savoir le minimum standard et l'application qui permet la consultation et l'alimentation de celui-ci. Nous avons donc simulé les différentes options fournies par notre application notamment l'ajout, la suppression, la modification, l'affichage et la recherche.

### 5.2.7 Avantages du nouveau processus :

L'ancien processus connaissait plusieurs imperfections. Après avoir décortiqué les défaillances, les avoir analysé ainsi que proposé des solutions adéquates pour chacune d'elles. Nous proposons un processus qui assurera leur mise en place. Nous citons par la suite les différentes améliorations par rapport à l'ancien processus.

1. Consultation du Minimum standard dans le processus d'échange d'accessoires :

Comme c'est expliqué sur le schéma (figure 5.6), une fois l'accessoire est en panne, et que l'on est obligé de l'échanger, avant de procéder à l'échange, il faut absolument se référer au minimum standard. Ceci est important dans la mesure où, on ne va accepter en échange que les accessoires qui contiennent des SB figurant dans le minimum standard.

2. La mise à jour continue du minimum standard :

Une fois un SB est étudié et jugé important, on ne va pas le laisser de côté et l'oublier par la suite. Bien que son application pourrait être un peu loin dans le temps mais il faut le noter sur le minimum standard afin d'assurer son suivi. Ceci est bien facilité à l'aide de l'application, à travers sa fonction alimentation de la base de données du minimum standard.

3. Etude des retards et déposes d'accessoires afin de mettre à jour la cartographie des accessoires

Les parties internes des moteurs s'avèrent presque toutes critiques, par contre les pannes des accessoires externes de moteurs varient en termes de fréquence et gravité. C'est pourquoi une étude de fiabilité devrait être élaborée de manière continue. L'historique des pannes et déposes de ces accessoires va être reçu depuis l'entité d'étude de fiabilité, et grâce à la mise à jour de la cartographie, les accessoires/pannes critiques vont s'afficher. Ceci forme donc un bon outil qui va assister le choix de parties critiques et ainsi le choix des SB à appliquer.

4. L'étude formalisée des Révisions au sein du processus

Les nouvelles révisions sont distinguées de la part du constructeur dans son portail WEB via une surbrillance du titre du SB. La révision d'un SB déjà appliqué doit donc être étudiée de la même façon qu'un nouveau SB. Suite à cette étude on décide si on procède à l'incorporation de la révision et puis on note sur la liste de configuration des moteurs, sinon on incrémente directement le nombre de la révision.

5. Envoi de la liste Boeing

La configuration étant mise à jour de manière continue, elle reflète donc le contenu du moteur en termes de SB en toute transparence. Cet état doit être envoyé au constructeur des avions Boeing puisqu'on se base sur ce genre d'information pour faire la « customisation » de l'AMM et de l'IPC, documents de maintenance des avions et moteurs mis à jour annuellement de la part de Boeing.

Il faut aussi noter que le nouveau processus se base dans la plupart de ses améliorations sur l'application informatique, qui en effet assure le contrôle et le maintien de celles-ci. Ceci s'affiche dans la consultation du minimum standard dans le processus d'échange/achat d'accessoire, sa mise à jour une fois le nouveau SB appliqué, ainsi que la notation des nouvelles révisions dans la configuration des moteur gérée elle aussi via l'application informatique.

## 5.3 Conclusion

Cette dernière partie du projet nous a permis de synthétiser les différentes améliorations dans un nouveau processus et d'évaluer l'application informatique créée en tant qu'un point commun de rassemblement des décisions relatives aux études ou recherches des SB. Cependant, des recommandations demeurent indispensables pour la finalisation du projet.

# Conclusion

Le présent projet de fin d'études, effectué au sein du département Engineering à la Royal Air Maroc, s'inscrit dans le cadre de réingénierie des processus.

Ce projet nous a offert l'occasion pour découvrir de près le domaine aéronautique et de travailler en étroite collaboration avec des personnes qui ont partagé avec nous leur expérience et savoir-faire. Le travail dans le domaine aéronautique nous a appris les valeurs de la précision et de la responsabilité avant la prise de toute décision.

La planification que nous avons proposée au début du projet n'était pas respectée à 100%. En effet, l'étape de l'élaboration du minimum standard nous a pris presque 10 jours en plus de ce qui a été prévu, ceci est dû au fait qu'il a fallu bien comprendre le fonctionnement des différentes parties du moteur ainsi que les accessoires qui l'entourent afin de pouvoir déterminer les problèmes dont souffrent ces parties.

Notre travail visait à améliorer l'état des accessoires externes du moteur afin de diminuer les retards de départs d'avion, et le nombre de déposes des moteurs afin d'augmenter la tenue de ces derniers sous l'aile. Ces objectifs ont été atteints en élaborant une liste exhaustive des SB qui existent sur les moteurs de la flotte en se basant sur les données de l'historique des travaux de maintenance fournies par le sous-traitant, et en préparant une liste des SB qui doivent être introduits dans les moteurs, en passant par une étude des retards de départs d'avions qui sont dus aux pannes du moteur ainsi que les causes des déposes des moteurs. Une fois ces deux listes sont établies nous avons développé une application informatique pour le suivi de ces résultats et conduire à une exploitation plus bénéfique.

Nous clôturons notre projet via un ensemble de recommandations et perspectives qui doivent être prises en considération pour la finalisation du projet. Nous commençons par recommander à l'équipe des motoristes d'élaborer un plan d'incorporations des SB dans le temps. Ce plan peut être programmé en considérant la priorité des SB. Il faut donc commencer par les SB les plus importants, dont l'application doit être programmée pendant les prochaines déposes.

Du moment que de nouveaux SB et de nouvelles révisions apparaissent, nous recommandons un programme de réunions périodiques (une ou deux fois par mois) dans lesquelles se présentent les motoristes ainsi que le responsable du département engineering en compagnie du représentant du constructeur des moteur. Ces réunions vont avoir comme objectifs de débattre les problèmes qui surviennent sur le moteur et de discuter sur l'importance des nouveaux SB/révisions, afin de noter les éléments nécessaires sur le minimum standard et planifier leur incorporation.

Nous recommandons que par la même logique l'étude soit faite sur les autres parties de l'avion à savoir le système avionique et le système renverseur de poussée du moteur vu l'importance de ces deux systèmes ainsi que les pannes qu'ils engendrent.

# Bibliographie

[1]: Engine Illustrated Parts Catalog - PC.14

[2]: Engine Data Submital of each RAM's engine.

[3]: Aircraft Maintenance Manual

[4]: CFM International, S.A (2014), CFM56 Engine Spare Parts Price Catalog

[5]: CFM 56-7B TURBOFAN ENGINE. Technical Data Documentaion. CFMI-TP.CD.518.version 4.2.10. Services Bulletins: up to Jan 01,2014.

[6]: Eduard DIEZ LLEDÓ, « Diagnostic et Pronostic de défaillances dans des composants d'un moteur d'avion», thèse de doctorat de l'Université Toulouse III – Paul Sabatier

# ANNEXES

**Annexe A :** Composition de la flotte RAM en termes de nombre et de types d'avion

**Annexe B :** Effectivité du minimum standard par genre du moteur

**Annexe C :** Processus de gestion global des moteurs entre la RAM et le sous-traitant.

**Annexe D :** Extrait du livrable « minimum standard » du projet.

# Annexe A

Composition de la flotte RAM en termes de nombre et de types d'avion

<u>Tableau 1 : la flotte de Royal Air Maroc</u>

| Courrier | Avion | Quantité |
|---|---|---|
| Flotte Moyen-Courrier | B737-800 | 30 |
| | B737-700 | 6 |
| Flotte Long-Courrier | B737-300 | 1 |
| | B747-400 | 1 |
| | B767-300ER | 4 |
| Flotte transport régional | ATR 72-600 | 5 |

# Annexe B

Effectivité du minimum standard par genre du moteur et une comparaison entre le nombre des SB présents sur les moteurs et ceux proposés dans le minimum standard.

Tableau 2 : Effectivité du minimum Standard par genre de moteur

| SB | 24 | 24-3 | 26 | 26-3 | 26E | SB | 24 | 24-3 | 26 | 26-3 | 26E |
|---|---|---|---|---|---|---|---|---|---|---|---|
| 72-0341 | X | | X | | | 72-0799 | | X | | X | |
| 72-0362 | X | | X | | | 72-0801 | X | X | X | X | X |
| 72-0369 | X | | X | | | 72-0804 | X | X | X | X | X |
| 72-0372 | X | | X | | | 72-0811 | X | X | X | X | X |
| 72-0384 | X | | X | | | 72-0816 | X | X | X | X | X |
| 72-0386 | X | | X | | | 72-0818 | X | X | X | X | |
| 72-0423 | X | X | X | X | X | 72-0821 | X | X | X | X | |
| 72-0445 | X | | X | | | 72-0822 | X | X | X | X | X |
| 72-0454 | X | | X | | | 72-0825 | X | X | X | X | X |
| 72-0462 | X | | X | | | 72-0834 | X | X | X | X | X |
| 72-0466 | X | | X | | | 72-0861 | X | | X | | |
| 72-0468 | X | | X | | | 72-0862 | X | | X | | |
| 72-0469 | X | | X | | | 72-0863 | X | X | X | X | X |
| 72-0475 | X | | X | | | 72-0868 | X | X | X | X | X |
| 72-0477 | X | X | X | X | | 72-0871 | X | X | X | X | X |
| 72-0484 | X | | X | | | 72-0872 | X | X | X | X | X |
| 72-0488 | X | | X | | | 72-0873 | X | X | X | X | X |
| 72-0495 | X | | X | | | 72-0874 | X | X | X | X | X |
| 72-0499 | X | | X | | | 72-0876 | X | | X | | |
| 72-0512 | X | | X | | | 72-0879 | X | X | X | X | X |
| 72-0520 | X | | X | | | 72-0880 | | X | | X | |
| 72-0521 | X | | X | | | 72-0889 | X | X | X | X | X |
| 72-0523 | X | | X | | | 72-0890 | | X | | X | X |
| 72-0525 | X | X | X | X | X | 72-0893 | X | X | X | X | X |
| 72-0526 | X | | X | | | 72-0904 | X | X | X | X | X |
| 72-0531 | X | X | X | X | X | 72-0926 | X | X | X | X | X |
| 72-0534 | X | | X | | | 72-0927 | X | X | X | X | X |
| 72-0543 | X | | X | | | 72-0938 | X | X | X | X | X |
| 72-0548 | X | | X | | | 72-0939 | X | X | X | X | X |
| 72-0550 | X | X | X | X | | 72-0940 | X | X | X | X | X |
| 72-0552 | X | X | X | X | | 73-0052 | X | X | X | X | X |
| 72-0554 | X | | X | | | 73-0058 | X | X | X | X | X |
| 72-0556 | X | | X | | | 73-0060 | X | | X | | |
| 72-0564 | X | X | X | X | | 73-0085 | X | | X | | |
| 72-0567 | X | X | X | X | | 73-0089 | X | | X | | |
| 72-0572 | X | | X | | | 73-0090 | X | | X | | |
| 72-0574 | X | | X | | | 73-0098 | X | X | X | X | X |
| 72-0579 | X | X | X | X | | 73-0099 | X | | X | | |

| | | | | | | | | | |
|---|---|---|---|---|---|---|---|---|---|
| 72-0580 | X | X | X | X | X | 73-0102 | X | | X | |
| 72-0608 | X | X | X | X | | 73-0108 | X | | X | |
| 72-0610 | X | | X | | | 73-0109 | X | | X | |
| 72-0632 | X | X | X | X | | 73-0114 | X | | X | |
| 72-0634 | X | X | X | X | | 73-0118 | X | X | X | X | X |
| 72-0641 | X | | X | | | 73-0121 | X | X | X | X |
| 72-0642 | X | | X | | | 73-0126 | X | | X | |
| 72-0643 | X | X | X | X | | 73-0130 | X | | X | |
| 72-0649 | X | X | X | X | | 73-0132 | X | X | X | X |
| 72-0665 | X | X | X | X | | 73-0136 | X | X | X | X | X |
| 72-0668 | X | X | X | X | | 73-0137 | X | X | X | X | X |
| 72-0673 | X | X | X | X | | 73-0143 | X | X | X | X |
| 72-0674 | X | X | X | X | | 73-0149 | X | X | X | X | X |
| 72-0678 | X | X | X | X | | 73-0170 | X | X | X | X | X |
| 72-0679 | X | X | X | X | | 73-0172 | X | X | X | X |
| 72-0683 | X | X | X | X | | 73-0173 | X | X | X | X |
| 72-0685 | X | X | X | X | | 73-0178 | X | X | X | X | X |
| 72-0690 | X | X | X | X | | 73-0188 | X | X | X | X | X |
| 72-0695 | X | X | X | X | | 73-0190 | X | X | X | X | X |
| 72-0696 | X | | X | | | 73-0192 | X | X | X | X | X |
| 72-0700 | X | X | X | X | | 73-0194 | X | X | X | X | X |
| 72-0704 | X | X | X | X | | 73-0199 | X | X | X | X | X |
| 72-0705 | X | X | X | X | | 74-0002 | X | | X | |
| 72-0713 | X | X | X | X | | 74-0003 | X | X | X | X |
| 72-0718 | X | X | X | X | | 74-0004 | X | X | X | X |
| 72-0727 | X | X | X | X | | 75-0005 | X | | X | |
| 72-0728 | X | X | X | X | | 75-0033 | X | | X | |
| 72-0731 | X | X | X | X | | 75-0036 | X | | X | |
| 72-0732 | X | | X | | | 75-0038 | X | | X | |
| 72-0734 | X | X | X | X | | 79-0023 | X | X | X | X |
| 72-0735 | X | X | X | X | | 79-0024 | X | | X | |
| 72-0753 | X | X | X | X | X | 80-0013 | X | X | X | X | X |
| 72-0759 | X | X | X | X | X | 80-0014 | X | X | X | X | X |
| 72-0764 | X | X | X | X | | 80-0015 | X | | X | |
| 72-0770 | X | X | X | X | | 72-0788 | X | X | X | X |
| 72-0779 | X | X | X | X | X | 72-0795 | | X | | X | X |
| 72-0780 | X | X | X | X | X | 72-0796 | | | X | X | X |
| 72-0783 | X | | X | | | 72-0798 | X | | X | |

# Annexe C

Processus de gestion global des moteurs entre la RAM et le sous-traitant.

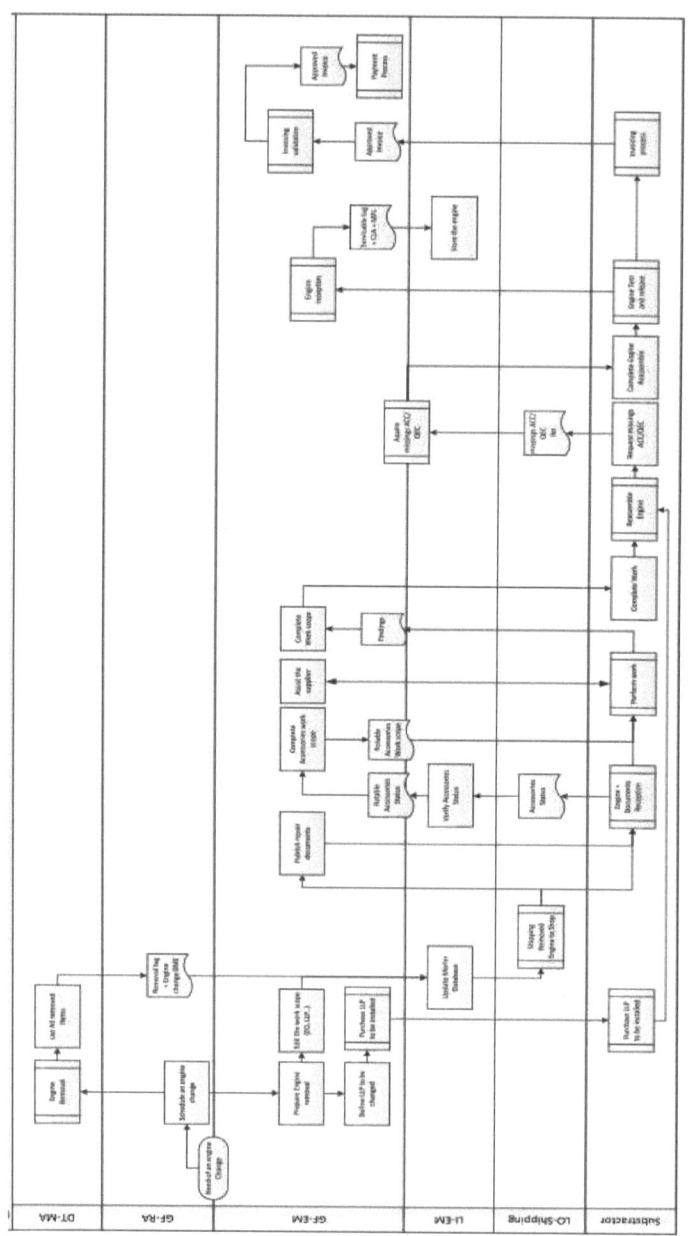

Figure 4 : modélisation du processus de gestion des moteurs

# Annexe D

Extrait du livrable « minimum standard » du projet.

| SB num | Rev | Cat | Accessory concerned | PN concerned | Description | Cause | Applic. sh op | Applic. wi ng | Ress. man | Ress. materielles | Applicability | References |
|---|---|---|---|---|---|---|---|---|---|---|---|---|
| 72-0477 | 2 | 3 | LPT frame | No.5 bearing support P/N 336-026-806-0, 336-026-807-0 and 340-165-901-0 | instructions to perform a fluorescent penetrant inspection of the No.5 bearing support nipple weld | Several No.5 bearing support nipple cracks have been reported | X | | 2 | (1)*649-481-112-0 | 24, 24/3, 26 et 26/3 | CFM56-7B IPC, CFMI-TP.PC.14, CFM56-7B ESM, CFMI-TP.SM.10, CFM56 SPM, CFMI-TP.SP.2, CFM56 CPM, CFMI-TP.CP.3, CFM56 Illustrated Tool and Equipment Manual, CFMI-TP.TE.10, Repair Document (RD) 15-93756-000 |
| 72-0484 | 0 | 3 | fuel leak | fuel supply tube 340-021-002-0 | introduction and spare parts availability of fuel supply tube 340-021-003-0 | Fuel supply tube design at weld location was not robust enough to resist to extreme loading conditions | | X | -- | (1)*340-021-003-0 | 24 et 26 | CFM56-7B Illustrated Parts Catalog, CFMI-TP.PC.14, CFM56-7B ESM, CFMI-TP.SM.10, Boeing 737-600/-700/-800/-900 AMM. |
| 72-0488 | 1 | 3 | AGB | identification plates 305-120-700-0 and 305-120-701-0 | introduction and spare parts availability of identification plates 305-167-201-0, 305-167-301-0 and 340-196-201-0. | The manufacturing and design managing of transfer gearbox assembly and accessory gearbox assembly, for the transfer of the manufacturer code, is not applied | X | | -- | (1)*305-167-201-0, (1)*305-167-301-0, (2)*340-196-201-0 | 24 et 26 | CFM56 Standard Practice Manual, CFMI-TP.SP.2, CFM56-7B Illustrated Parts Catalog, CFMI-TP.PC.14 |
| 72-0495 | 4 | 7 | Fan frame assy | old fan frame shroud 340-059-918-0, 340-059-921-0 | instructions to rework and reidentify the fan frame shroud | Fan frame shroud cracks | X | X | 8 | see SB | 24 et 26 | CFM56 SPM, CFMI-TP.SP.2, CFM56-7B IPC, CFMI-TP.PC.14, CFM56-7B ESM, CFMI-TP.SM.10, CFM56 Consumable Products Manual, CFMI-TP.CP.3, Boeing 737-600/-700/-800/-900 AMM, Boeing Powerplant Buildup Manual |
| 72-0512 | 2 | 7 | fan frame assy | the old fan frame shroud 340-059-921-0 | the production introduction and spare, parts availability of fan frame shroud 340-059-929-0 with new IDG air/oil cooler panel in two parts 340-085-120-0 and 340-085-150-0. | IDG air/oil cooler acoustical panel cracks have been reported. | X | X | 1 | 5180.75 | 24 et 26 | CFM56-7B IPC, CFMI-TP.PC.14, CFM56-7B ESM, CFMI-TP.SM.10, Boeing 737-600/-700/-800/-900 AMM, CFM56 SPM, CFMI-TP.SP2, CFM56 CPM, CFMI-TP.CP.3, CFM56 ITEM, CFMI-TP.TE.10, CFM56-7B S/B 72-0495, 72-0531 |
| 72-0521 | 1 | 6 | C.C | -- | instructions for a one-time inspection of the inner and outer liner nugget thicknesses at the rib cooling hole location, to make sure that the liners have been manufactured to design intent | A CFM56-5C engine was found with cracking that covered over 50 percent of the circumference at one location of the rib cooling holes. The cracks were caused by a manufacturing error that resulted in an under minimum condition | X | | 0.5 | -- | 24 et 26 | CFM56-7B Illustrated Parts Catalog (IPC), CFMI-TP.PC.14, Repair Document (RD) 124-749, Repair Document (RD) 124-750 |

| SB | | | Module | Part | Description | | | | References |
|---|---|---|---|---|---|---|---|---|---|---|
| 72-0526 | 0 | 5 | LPT shaft | The old LPT shafts 340-074-703-0 and 340-074-705-0 | instructions to reidentify and apply aluminum paint on the LPT shaft 340-074-703-0 and 340-074-705-0, listed in Appendix B. | LPT shafts 340-074-703-0 and 340-074-705-0, listed in Appendix B, can not be inspected according to the Engine Shop Manual (ESM). | X | 1 | see SB | 24 et 26 | CFM56-7B Illustrated Parts Catalog, CFMI-TP.PC.14, CFM56-7B Engine Shop Manual, CFMI-TP.SM.10, CFM56 Standard Practice Manual, CFMI-TP.SP.2 |
| 72-0543 | 0 | 4 | LPT | The old O-Ring J221P271 or 649-393-271-0 installed on CFM56-7B Engines or stocked as spares | the production introduction and spare parts availability of a new O-Ring 649-788-432-0 | Several cases of oil leak noticed at external scavenge supply tubes interface. Oil inlet cover O-Ring found brittle and damaged. | X | -- | 440 | 24 et 26 | Boeing 737-600/-700/-800/-900 Aircraft Maintenance Manual, CFM56-7B Illustrated Parts Catalog, CFMI-TP.PC.14, CFM56-7B Engine Shop Manual CFMI-TP.SM.10 |
| 72-0565 | 1 | 7 | LPT | The old LPT Case 338-117-404-0 post S/B 72-0089 since new installed on CFM56-7B engines or stocked as spares | the production introduction and spare parts availability of the new LPT Case 338-117-406-0. | The LPT Case 338-117-404-0 does not allow the tracking of pre or post S/B 72-0089 configuration. | X | -- | 141400 | 24, 24/3, 26 et 26/3 | CFM56-7B Engine Shop Manual (ESM), CFMI-TP.SM.10, CFM56-7B Illustrated Parts Catalog, CFMI-TP.PC.14, CFM56-7B S/B 72-0089 |
| 72-0572 | 0 | 7 | HPT | The old HPT outer stationary seal 1784M84G05 | a new HPT outer stationary seal with integral nut shield. | SIMPLIFY ASSEMBLY AND REDUCE WEIGHT | X | -- | 104800 | 24 et 26 | CFM56-7B Engine Shop Manual (ESM), CFMI-TP.SM.10CFM56-7B Illustrated Parts Catalog (IPC), CFMI-TP.PC.14 |
| 72-0608 | 1 | 4 | LPT | LPT case 338-117-404-0, 338-117-406-0, 338-117-450-0 and 338-117-452-0 | Instructions to inspect the LPT case at LPT modules levels only | Inspection of LPT case rail "0" to check wear remains within acceptable limits. | X | 3 | -- | 24, 24/3, 26 et 26/3 | CFM56-7B S/B 72-0567 ,CFM56-7B Engine Shop Manual, CFMI-TP.SM.10, CFM56-5B S/B 72-0596 |
| 72-0610 | 0 | 7 | HPC | The compressor stator guide sectors 9512M58P01, 9512M59P01, and 9512M59P02 | introduction of 8 mil thick guide sector to all of the CFM56-7B HPC aft stator assemblies | Extreme force is needed to accomplish the assembly of the vane sectors into the compressor rear cases. | X | -- | (20)*951 2M58P03 ,(20)*951 2M59P05 , (20)*951 2M59P06 | 24 et 26 | CFM56-7B Engine Shop Manual (ESM), [CFMI-TP.SM.10] CFM56-7B Illustrated Parts Catalog (IPC), [CFMI-TP.PC.14] |

| SB | | | Component | P/N | Description | | | P/N new | | Pages | References |
|---|---|---|---|---|---|---|---|---|---|---|---|
| 72-0641 | 0 | 7 | HPC | The high pressure compressor rotor stage 3 disk1590M59P01 | introduction of a HPCR stage 3 disk 2116M23P01 that has improvements to the dovetail slots. | The high edge of contact (EOC) stresses can cause fretting and damage on the HPCR stages 1 and 2 dovetail slots. | X | — | (1)*2116 M23P01 | 24 et 26 | CFM56-7B Engine Shop Manual (ESM), CFMI-TP.SM.10CFM56-7B Illustrated Parts Catalog (IPC), CFMI-TP.PC.14 |
| 72-0665 | 1 | 7 | HPC | -- | introduction of new stage 2 and 3 bushings 2102M23P04 and 2102M23P08, and vanes without wear sleeves to the locations which have the pin cut-outs. | vanes with pin cut-outs must be replaced since the addition of the wear sleeve was not possible on these vanes. | X | — | (24)*24 2P04, (24)*210 2M23P04 (20)*24 3P02, (20)*210 2M23P04 | 24, 24/3, 26 et 26/3 | CFM56-7B Engine Shop Manual (ESM), CFMI-TP.SM.10CFM56-7B Illustrated Parts Catalog (IPC), CFMI-TP.PC.14CFM56 Standard Practices Manual (SPM), CFMI-TP.SP.2 |
| 72-0668 | 0 | 7 | fan frame assy | -- | introduction of the new Flat Washer 340-406-101-0 | The manufacturing tolerances can lead to absence of complete covering of the chamfered hole by the bolt head. | X | X | (4)*340-406-101-0 | 24, 24/3, 26 et 26/3 | CFM56-7B Illustrated Parts Catalog, CFMI-TP.PC.14 ATA 72-00-01 and CFM56-7B Engine Shop Manual, CFMI-TP.SM.10 ATA 72-00-01 |
| 72-0673 | 1 | 7 | HPC | The compressor stator stage 1 through stage 3 shroud assemblies P/N 9992M65G09, 2050M82G04, 2050M83G04, 9994M18G10, 1277M91G08, and straight pin 9115M31P06 | introduction of a new anti-rotation straight headed pins and procedures to rework the compressor stator stage 1 through stage 3 shroud assemblies. | After many years in service, the anti-rotation straight pin may no longer maintain the anti-rotation feature | X | — | It depend on the compliance of CFM56-7B S/B 72-0581 | 24, 24/3, 26 et 26/3 | CFM56-7B ESM, CFMI-TP.SM.10, CFM56-7B IPC, CFMI-TP.PC.14 |
| 72-0674 | 2 | 7 | HPT | -- | Elimination of HPT Stator Middle Heat Shield from the affected models | Further analysis has determined that the HPT stator middle heat shield is no longer required for the operation of these engines | X | — | see SB | 24, 24/3, 26 et 26/3 | CFM56-7B ESM, CFMI-TP.SM.10, CFM56-7B IPC, CFMI-TP.PC.14 |
| 72-0679 | 0 | 7 | Fan frame assy | Bracket Assy 340-124-802-0 | introduction of the new Bracket Assy 340-124-803-0 | Harness bending due to the installation of FADEC 3. | X | X | (1)*340-124-903-0 | 24, 24/3, 26 et 26/3 | CFM56-7B Illustrated Parts Catalog, CFMI-TP.PC.14, CFM56-7B ESM, CFMI-TP.SM.10, BOEING 737-600/-700/-800/-900 AMM, CFM56-7B S/B 75-0032 and CFM56-7B S/B 75-0037. |

| SB | | System | Description | Action | | | Quantity | Cost | MP | References |
|---|---|---|---|---|---|---|---|---|---|---|
| 72-0695 | 0 | 7 | LPT | Introduction of New Right Side Air LPT Cooling Tubes Support Configuration | There is a risk of fretting that may occur at lower air LPT cooling tube P/N 1870M73G01. | X | — | (25)*147 6M57P02 and (1)*2175 M84G01. all at (50)*AS3 251-08 and 722.75$. | 24, 24/3, 26 et 26/3 | CFM56-7B Consumable Products Manual, CFMI-TP.CP 3, CFM56-7B ESM, CFMI-TP.SM.10, CFM56-7B Illustrated Parts Catalog, CFMI-TP.PC.14 |
| 72-0727 | 0 | 5 | LPT | The old Self-Locking Nut J979P07 | the production introduction of the new silver plated Self-Locking Nut 649-313-243-0. for the LPT Rotor Support / LPT Shaft Attachment Flange Junction | Marks on the rear rotating air / oil seal under the nuts heads have been reported. Turbine vibration problems induced by a slight shift of the LPT rotor support / LPT shaft attachment flange junction. | X | — | | | CFM56-7B IPC, CFMI-TP.PC.14 CFM56-7B ESM, CFMI-TP.SM.10 CFM56-2A S/B 72-0595, CFM56-2B S/B 72-0737, CFM56-2 S/B 72-0988, CFM56-3/3B/3C S/B 72-1104, CFM56-5 S/B 72-0791, CFM56-5B S/B 72-0712, CFM56-5C S/B 72-0660 |
| 72-0728 | 2 | 2 | LPT nozzle | The stages 1, 2, and 3 nozzle segments (stages 1, 2, and 3 LPT nozzles | identification of fuel large tip nozzle replacements, flexible borescope inspection requirements, and distress limits for stages 1, 2, and 3 of the LPT, caused by deterioration of O-rings internal to the fuel nozzle P/N 1317M47G01. | Reports of no starts, hard or slow starts, have been reported on some CFM56-7B engines with deterioration in fuel nozzles, distress to stages 1, 2, and 3 LPTN caused by deteriorated fuel nozzles as low as 6,000 FC since nozzle installation. | X | 2 | 1176 see SB | 24, 24/3, 26 et 26/3 | Boeing 737-600/700/800/900 AMM, CFM56-7B Engine Shop Manual (ESM), CFMI-TP.SM.10, CFM56-7B Illustrated Parts Catalog (IPC), CFMI-TP.PC.14, CFM56-7B S/B 73-0132 |
| 72-0731 | 0 | 3 | AGB | The Ball Bearing 301-480-320-0, and 301-480-320-0 | instructions to replace defective Ball Bearing 301-480-320-0 by 301-480-320-0 or 301-480-323-0 or 301-480-325-0 or 301-480-326-0 or 340-056-201-0 located on line #7, #9 and #11. | Several UER have been reported caused by M50 particles observed during chip detector routine inspection. Because, A batch of parts was subjected to a quality problem during manufacturing. | X | 12 | $2278-$9112ALT | 24, 24/3, 26 et 26/3 | CFM56-7B Engine Shop Manual, CFMI-TP.SM.10 |
| 72-0734 | 1 | 7 | LPT | The old LPT Stage 1 Nozzle Segment 340-256-251-0 and 340-256-351-0 | Introduction of the new LPT Stage 1 Nozzle Segment 340-256-252-0 and 340-256-352-0 with aluminization. | Problem of thermal corrosion has been observed. | X | — | 341550 | 24, 24/3, 26 et 26/3 | CFM56-7B Illustrated Parts Catalog, CFMI-TP.PC.14, CFM56-7B ESM, CFMI-TP.SM.10, CFM56-5B S/B 72-0718 |

| 72-0735 | 1 | 7 | HPT/LPT nozzle | the HPT stator shrouds P/N 1795M50P02, P/N 1957M75P01, P/N 1957M91P02, P/N 2080M28P02, and P/N 2080M28P06 | rework procedures for the HPT stator shrouds. | The CFMS6 fleet has experienced a number of unscheduled engines removals caused by HPT stator shroud distress on repaired HPT stator shrouds on high thrust applications | X | -- | -- | 24, 24/3, 26 et 26/3 | CFM56-7B ESM, CFMI-TP.SM.10, CFM56-7B Illustrated Parts Catalog (IPC), CFMI-TP.PC.14, Repair Document (RD) 170-846 |

Tableau 5 : Extrait du minimum standard

## I want morebooks!

Buy your books fast and straightforward online - at one of the world's fastest growing online book stores! Environmentally sound due to Print-on-Demand technologies.

Buy your books online at
## www.get-morebooks.com

Achetez vos livres en ligne, vite et bien, sur l'une des librairies en ligne les plus performantes au monde!
En protégeant nos ressources et notre environnement grâce à l'impression à la demande.

La librairie en ligne pour acheter plus vite
## www.morebooks.fr

OmniScriptum Marketing DEU GmbH
Heinrich-Böcking-Str. 6-8
D - 66121 Saarbrücken
Telefax: +49 681 93 81 567-9

info@omniscriptum.com
www.omniscriptum.com

Printed by Books on Demand GmbH, Norderstedt / Germany